天然产物核磁共振图解实例

丁中涛 蔡 乐 等 编著

科 学 出 版 社

北 京

内 容 简 介

　　全书以部分结构具有代表性的天然产物为对象，通过这些化合物的实际核磁共振谱图的综合解析来讲解核磁共振波谱技术。全书共分为 7 章，第 1 章主要介绍核磁共振波谱的基本知识，包括 ^{1}H NMR 谱、^{13}C NMR 谱和二维核磁共振谱（^{1}H-^{1}H COSY、HMQC、HMBC、NOESY 谱和 ROESY 谱）；第 2 章讲解酚类化合物的综合图解；第 3 章介绍黄酮类化合物的综合图解；第 4 章讲解萜类化合物的综合图解；第 5 章讲述生物碱的综合图解；第 6 章讲述苯丙素类化合物的综合图解；第 7 章讲述环肽类化合物的综合图解。综合图解章节均先简单讲解所述类型化合物的基本核磁共振波谱特征，然后从简单化合物入手，逐步讲授复杂化合物的解析，并在解析过程中讲解和回顾核磁共振基础知识。

　　本书适合作为高等院校化学和药学相关专业硕士生与高年级本科生的教材或教学辅助用书，也可供从事相关研究的科研人员和技术工作者参考。

图书在版编目（CIP）数据

天然产物核磁共振图解实例/丁中涛等编著. —北京：科学出版社，2021.5
ISBN 978-7-03-063784-0

Ⅰ. ①天… Ⅱ. ①丁… Ⅲ. ①天然有机化合物－核磁共振－图解
Ⅳ. ①O629-64

中国版本图书馆 CIP 数据核字（2019）第 281569 号

责任编辑：叶苏苏 / 责任校对：杜子昂
责任印制：罗　科 / 封面设计：墨创文化

科　学　出　版　社 出版
北京东黄城根北街 16 号
邮政编码：100717
http://www.sciencep.com
四川煤田地质制图印刷厂印刷
科学出版社发行　各地新华书店经销
＊
2021 年 5 月第 一 版　开本：787×1092　1/16
2021 年 5 月第一次印刷　印张：13 1/4
字数：314 000
定价：149.00 元
（如有印装质量问题，我社负责调换）

编写人员名单

主要编著人员： 丁中涛（云南大学）

蔡　乐（云南大学）

其他编著人员：（按姓氏笔画排序）

尹田鹏（遵义医科大学珠海校区）

杨亚滨（云南大学）

杨雪琼（云南大学）

周　皓（云南大学）

梁晓霞（四川农业大学）

董建伟（曲靖师范学院）

序

　　核磁共振现象是一个重大的发现，利用核磁共振原理制造各种核磁共振仪意义更大。先后研制出 ^{1}H NMR、^{13}C NMR 和医院临床检查用 NMR 等，能获得三次诺贝尔奖，意义之大，不言自明。

　　1962 年，梁晓天用 ^{1}H NMR 报告了秦艽碱（天然产物，^{1}H NMR 样品国外测定）的结构，不久梁晓天又出版了我国第一本核磁共振氢谱解析图书，后来上海、北京和长春化学研究所都购买了 ^{1}H NMR 仪器。

　　1966 年 5 月"文革"运动开始，各科研单位和各大学的科研工作无法进行，云南亦不例外。1975 年初，可以看一些外文期刊，遇到的一个困难是看不懂。一个有机化合物，外国学者通过 ^{1}H NMR 和 ^{13}C NMR 解析很快就确定了化学结构。

　　1975 年，瑞士 Brucker 公司举办 Brucker-WH-90 脉冲傅里叶变换核磁共振波谱仪展览会，该仪器已被中国石油化学工业开发股份有限公司购得。我所在的中国科学院昆明植物研究所立即去京谈判，Brucker 公司答应以同样外汇价格卖一台到昆明，两台同时安装。我们找到文卫组和生产组，经解释后，他们很开明，立即批了外汇，我们顺利购买了此台 ^{13}C NMR 仪。1975 年冬天，我们请上海有机化学研究所和长春应用化学研究所熟悉 ^{1}H NMR 的两位专家来帮助安装核磁共振波谱仪，虽然招待很差，他们却很乐意，最终顺利安装完成。我们随即派王德祖工程师到瑞士 Brucker 公司接受培训。后来方毅副总理来所视察，我们向他申请了一台色谱质谱联用仪，我们接着又和日本山之内制药厂合作，用所得的几百万美元购买了高级质谱仪。这样我们在仪器方面相对具有优势，很快测定并发表了许多植物化学成分结构。中国科学院上海药物研究所等纷纷寄来样品代测 ^{1}H NMR 和 ^{13}C NMR 的核磁波谱。核磁共振波谱仪的购置与应用，为后来昆明植物研究所植物化学与西部植物资源持续利用国家重点实验室成为国家重点实验室起了重要作用。

　　云南大学是我国著名大学，现在是"双一流大学"，也是云南地区较早购置核磁共振波谱仪的大学。现在丁中涛和蔡乐主编了《天然产物核磁共振图解实例》一书，请我作序。昆明植物研究所国家重点实验室可能有上千篇植物化学研究论文用了核磁共振波谱仪，包括超导 800 兆核磁共振波谱仪。但近二十多年再未写过书，我深信丁中涛和蔡乐主编的此书对培养研究生和从事化学的年轻学者必有大益。是为序。

中国科学院昆明植物研究所 周俊院士

2019 年 10 月

前　言

　　核磁共振波谱是有机化学、药物化学和分析化学,特别是天然有机化学和天然药物化学等相关专业进行科学研究的重要工具,其相关内容也是以上专业的研究生教学的重要必修课程。核磁共振波谱主要内容包括氢谱（^{1}H NMR）、碳谱（^{13}C NMR）和二维谱（2D NMR）。研究生教学与本科生教学有着明显差异,一方面研究生教学要求比较高,不仅要求学生掌握相关的基本理论和基础知识,还要能够在学习后解析实际谱图,把所学知识应用于科研工作;另一方面很多同一个专业的研究生本科所修的课程及其教学内容不尽相同,导致对相关基础知识的掌握程度有较大差异,学生对教学的个性化需求不同。如何有效地进行研究生核磁共振波谱解析的教学,是很多研究生课程任课教师都在思考的问题。笔者十余年来一直承担着云南大学开设的研究生学科基础课程"物质结构鉴定与表征"的教学,该课程讲授的一个重要内容就是核磁共振波谱解析。在授课过程中笔者发现,要想让不同知识基础和不同课程修读背景的学生在规定课时内达到能够进行实际谱图解析的效果,最好的办法就是在教学过程中使用实际谱图进行综合解析讲授,以最新的科研成果丰富教学内容,以案例教学提高教学质量。实际谱图讲解更贴近实验室科研工作,让学生接触核磁共振谱图处理方法和技术,从而更容易实现学以致用;同时,综合解析过程让学生能够整体地理解核磁共振波谱,而不是单一地从某一种谱图考虑,让学生能够用多种谱图去解释某一个解析结论,从而更全面地理解核磁共振波谱技术。

　　作者所讲授的"物质结构鉴定与表征"课程是云南省研究生优质课程和云南大学研究生优质课程。从 2016 年开始,笔者尝试在该课程讲授过程中采用实际谱图综合解析为主的方式给研究生介绍核磁共振波谱内容,取得了非常好的教学效果,研究生的实际谱图解析能力明显提高。在教学过程中,作者逐步开始对授课资料进行整理,汇总编写了内部教学讲义,在师生中反响较好。本书是在该内部讲义的基础上编写而成,目的是让学生熟悉一些常见天然产物的波谱特点,并在学习过程中掌握核磁共振波谱解析的基本规律和分析技巧。本书可以作为化学、药学等相关专业研究生学习的教材和参考用书。

　　本书以不同结构类型的天然产物作为教学案例,涵盖六大类常见天然产物的核磁共振波谱解析,包括酚类、黄酮类、萜类、生物碱类、苯丙素类和环肽类化合物。每一类化合物解析均以实际化合物的谱图为对象进行解析,由浅入深,试图通过图解的方式让读者了解核磁共振解析的基本规律,体会解析技巧。每一个化合物的解析都从 ^{1}H NMR 和 ^{13}C NMR 谱图开始讲解,大部分化合物包含 2D NMR 谱图,本书二维谱主要讲解 ^{1}H-^{1}H COSY、HMQC、HMBC、NOESY、ROESY 谱图。本书所涉及的化合物大部分来自笔者课题组所分离的化合物,并在云南大学现代分析测试中心进行谱图采集,所用仪器包括 600 MHz、500 MHz 和 400 MHz 核磁共振波谱仪。

　　本书共分 7 章,各章编写人员为:第 1 章,梁晓霞;第 2 章,董建伟;第 3 章,丁中涛、董建伟；第 4 章，周皓；第 5 章，尹田鹏；第 6 章，蔡乐；第 7 章，杨亚滨、杨雪琼；丁中涛和蔡乐进行了统稿工作。特别感谢云南大学现代分析测试中心黄荣老师采集了所有化合物的 NMR 谱图，并提供了原始数据，感谢硕士研究生朱丽和罗萍对书稿进行的大量校对工作。

　　本书的编写参考了现行的多部核磁共振波谱解析的书籍和部分期刊文献，已在书中参考文献部分列出，有些所参考手册、网络资料和图片无法全部列出，在此对这些文献和资料的原作者表示衷心的感谢。感谢中国科学院昆明植物研究所周俊院士为本书作序，并提出宝贵意见。本书得到云南大学研究生院和化学科学与工程学院的大力支持，在此表示感谢。本书还得到了周俊院士的悉心指导，多次对书稿提出中肯的修改意见，让我们受益匪浅，然书未出版，先生已逝！谨以此书纪念周俊院士！

　　由于科学技术日新月异的发展进步和我国高等教育的不断改革与深化，以及作者水平所限，本书难免存在不足之处，敬请读者批评指正，提出宝贵意见。

编著者

2020 年 12 月

目　　录

第1章 核磁共振基础

1.1 核磁共振基本知识

1945 年，F. Bloch 和 E. M. Purcell 几乎同时观察到核磁共振（nuclear magnetic resonance，NMR）现象，并于 1952 年获得诺贝尔物理学奖[1]。核磁共振是指在外磁场作用下，核磁矩不为零的核自旋能级发生分裂，共振吸收某一特定频率的电磁波的物理过程，是能级发生共振跃迁的物理现象。核自旋能级分裂的大小与分子的化学结构密切相关，通过对这些信息的分析，可以了解原子核的化学环境、原子个数、连接基团的种类及分子的空间构型。1951 年，M. E. Packard 首次报道乙醇的质子磁共振谱后，揭开了磁共振技术在有机化学中应用的序幕。1953 年，美国 Varian 公司成功研制了世界上第一台商品化的核磁共振仪（30MHz）。随着磁场超导化和脉冲傅里叶变换技术的发展，核磁共振仪的分辨率和灵敏度大大提高。1970~1980 年，R. R. Ernst 建立二维核磁共振（2D NMR）的理论基础和实验方法，并于 1991 年获得诺贝尔化学奖；K. Wuthrich 发明了利用核磁共振技术测定溶液中生物大分子的三维结构的方法[2]，并于 2002 年获得诺贝尔化学奖。如今，核磁共振已经成为鉴定有机化合物结构必不可少的手段，在研究有机分子构型、构象和化学反应动力学等方面也具有突出作用[3-5]。

1.1.1 核磁共振的基本原理

部分同位素的原子核（如 H、C 等）之所以能够产生磁共振现象是因为这些核显示磁性，而产生磁性的内在根本原因在于这些核具有本身固有的"自旋"这一运动特性。存在自旋现象的原子核具有自旋角动量（P）：

$$P=\sqrt{I(I+1)}\,\frac{h}{2\pi}$$

式中，h 为普朗克常量；I 为核自旋量子数。由于原子核是具有一定质量的带正电的粒子，故在自旋时会产生核磁矩 μ：

$$\mu = \gamma P$$

γ 为磁旋比，即核磁矩与自旋角动量的比值，不同的核具有不同的磁旋比，不同的磁性核有特定的 γ 值。

自旋量子数 I 值与原子核的质量数 A 和核电荷数 Z（质子数或原子序数）有关。质子和中子都是微观粒子，都能自旋，并且同种微观粒子自旋方向相反且配对，所以当质子和中子都为奇数或其中之一是奇数时，就能对原子核的旋转做贡献。因此，只有 $I\neq0$ 的原子核才有自旋运动。$I = 0$ 的原子核如 ^{16}O、^{12}C 和 ^{32}S 等无自旋，没有磁矩，也就不会产生共振吸收。$I = 1$ 的原子核如 ^{2}H、^{14}N，$I = 3/2$ 的原子核如 ^{11}B、^{35}Cl、^{79}Br 和 ^{81}Br，$I = 5/2$ 的原子核如 ^{17}O 和 ^{127}I 等，这类原子核的核电荷分布接近一个椭圆体，电荷分布不均匀，共振吸收复杂，研究应用较少。$I = 1/2$ 的原子核如 ${}^1H$、${}^{13}C$、${}^{19}F$、${}^{31}P$ 可看作核电荷均匀分布的球体，并像陀螺一样自旋，有磁矩产生，这样的原子核核磁共振谱线最窄，最适宜于核磁共振检测。此外，C 和 H 也是有机化合物的主要组成元素，因此 ${}^1H$ 和 ${}^{13}C$ 是核磁共振研究的主要对象。

自旋核在外加磁场中有 $2I + 1$ 种取向（在无外电场时，自旋核的取向是任意的）。氢核的 I 为 1/2，因此为两种取向，产生两个能级，一个与外磁场平行，能量低；另一个与外磁场相反，能量高（图 1.1）。带有磁性的原子核在外磁场的作用下发生自旋能级分裂，当吸收外来电磁辐射时，将发生核自旋能级的跃迁，从而产生核磁共振现象[6, 7]。

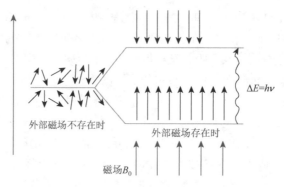

图 1.1　自旋核在外加磁场作用下的定向分布

1.1.2　核磁共振仪

商用核磁共振仪始于 1953 年，使用永久磁铁或电磁体提供自旋核共振的磁场，在高分辨率高灵敏度要求下，目前 300～800MHz 的高功率仪器已经投入了广泛使用[6]。

简单地讲，核磁共振仪主要由永久磁铁、射频发射器、射频接收器、探头、放大器和记录仪等部分组成（图 1.2）。样品（一般为外径 5 mm 的玻璃管中加有氘代试剂的溶液体系）置于探头中，探头由发射线圈（射频发射器）和接收线圈（射频接收器）组成，还有一个旋转装置使样品管沿着垂直方向旋转以平均掉磁场的非均匀性。其中永久磁铁提供外磁场；射频发射器的线圈垂直于外磁场，发射一定频率的电磁辐射信号；射频接收器（检

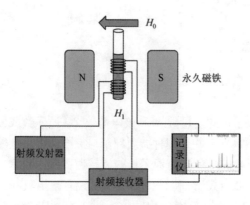

图 1.2　核磁共振仪原理示意图

测器）则在自旋核发生能级跃迁，吸收能量时，在感应线圈中产生毫伏级信号，由记录仪完成信号记录，形成核磁共振谱图。

1.2　氢　　谱

氢核磁共振谱图简称氢谱，显示为一系列的谱峰，峰的面积与它们所代表的质子数目成正比。峰面积可以数字化采集，得到一系列阶梯状曲线，阶梯的高度与峰面积成正比（图 1.3）。通过积分计算质子数，对于确定或验证化合物分子式、检测隐藏峰、确定样品纯度和定量分析都非常有用。峰的位置（即化学位移）是相对于参照谱峰的频率值。

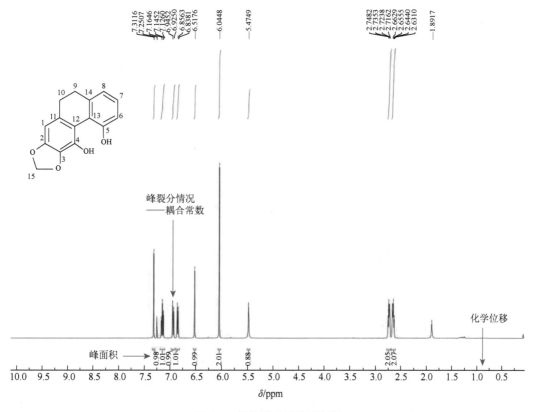

图 1.3　氢核磁共振谱图实例

1.2.1　峰面积

在 ^{1}H NMR 谱图中，峰面积正比于等价质子的数目，仪器可以对各吸收峰下的面积进行自动积分，并用阶梯式曲线高度（数值）表示，此曲线称为积分曲线。故而用积分曲线表示峰面积，积分曲线的高度与峰面积呈正比关系。各积分曲线的表示高度（数值）为相对高度，而并非绝对氢核数目。例如，乙醇（CH_3CH_2OH）中 3 组质子的积分曲线高度比为 3∶2∶1。

1.2.2　化学位移

当磁性原子核在外磁场的作用下吸收外来电磁辐射而发生核自旋能级的跃迁时,理论上,相同的原子核应该有相同的共振频率,然而即使相同的原子核,只要化学环境不同,其化学位移也会产生微弱的不同,这是核磁共振研究有机化合物结构的理论基础[8]。产生这一现象的原因是核外电子运动会产生一种与外磁场相反的磁场,削弱了外磁场,使原子核实际受到的磁场强度改变,从而导致共振频率发生微弱改变,这种在分子中处于不同化学环境的磁性核的共振频率(Hz)的差异,称为化学位移。

1.2.2.1　化学位移的表示方法

化学位移的变化只有十万分之一左右,精确测量十分困难。此外,化学位移的大小与磁场强度成正比,仪器的磁场强度不同,所测得的同一原子核的化学位移也不同。为了方便研究,促进核磁共振应用,实际工作中常用一种与磁场强度无关的值来表示化学位移。于是引入了δ的概念,用δ这个相对数值来表示化学位移。目前规定以四甲基硅烷(TMS)为标准物质,将其化学位移定为零,根据样品吸收峰与 TMS 的相对距离来确定其化学位移值。

$$\delta = \frac{\nu_{样品} - \nu_{TMS}}{\nu_0} \times 10^6$$

式中,δ的单位为 ppm(百万分之一),是无量纲单位,乘以 10^6 是为了使数值便于读取;$\nu_{样品}$ 表示样品的共振频率;ν_{TMS} 表示 TMS 的共振频率;ν_0 表示核磁共振仪的射频频率。

例如,在 60MHz 的仪器上,测得 $CHCl_3$ 与 TMS 间吸收频率之差为 437Hz,则 $CHCl_3$ 中 ^1H NMR 的化学位移为

$$\delta = \frac{\nu_{样品} - \nu_{TMS}}{\nu_0} \times 10^6 = \frac{437}{60 \times 10^6} \times 10^6 = 7.28$$

根据上式,$CHCl_3$ 在 60MHz 仪器上的化学位移为 7.28ppm。而在 600MHz 的仪器上,$CHCl_3$ 与 TMS 间吸收频率之差为 4370Hz,根据上式,$CHCl_3$ 在 600MHz 仪器上的化学位移同样为 7.28ppm。由此可见,δ的引入避免了仪器的磁场强度不同导致同一原子核的化学位移产生差异。

为什么要选用 TMS 作为标准参考物?因为 TMS 有以下五个优点:①TMS 的甲基受到的屏蔽效应强,其共振信号出现在高场区,把 TMS 的共振频率定为 0,绝大多数样品中氢核和碳核受到的屏蔽效应均比 TMS 甲基中的氢核和碳核小,不论是在 ^1H NMR 谱还是 ^{13}C NMR 谱中其共振吸收峰均出现在它的左边,为正值,氢核和碳核化学位移为负值的样品非常少;②TMS 的结构对称,在 ^1H NMR 谱和 ^{13}C NMR 谱中均只出现一个单峰,

易与样品区分；③TMS 沸点只有 27℃，易从样品中除去，便于样品回收；④TMS 化学性能稳定，与大部分样品分子不易反应，不会缔合；⑤TMS 与溶剂或样品的相互溶解性非常好。

1.2.2.2　影响化学位移的因素

化学位移与核外电子的屏蔽效应密切相关，一般来说，氢原子核外电子云密度越大，氢核所受到的屏蔽作用越大，共振吸收峰越靠近高场位置，化学位移值越小。影响氢核化学位移的因素主要包括诱导效应、共轭效应、各向异性效应、氢键效应和范德华效应等。

1) 诱导效应

与 ^{1}H 相连的 C 原子上直接连接的取代基 X（原子或原子团）的电负性对该 ^{1}H 的化学位移有较大影响，X 的电负性越大，整个分子中的成键电子云密度越向 X 一方偏移，使分子发生极化，这种效应称为诱导效应。诱导效应越强，^{1}H 周围电子云密度会越低，屏蔽效应越小，其化学位移也就越靠近低场，δ 值越大（表 1.1）[9]。

表 1.1　取代基电负性与化学位移的关系

化合物	CH$_3$F	CH$_3$OH	CH$_3$Cl	CH$_3$Br	CH$_3$I	CH$_4$	TMS
电负性	4.0	3.5	3.0	2.8	2.5	2.1	1.8
δ_H/ppm	4.26	3.14	3.05	2.68	2.16	0.23	0

常见有机官能团的电负性都大于氢原子的电负性，当碳原子上的取代基增多时，化学位移向低场移动。取代基数目越多，向低场移动越显著，如化学位移 δ 值的大小顺序为 CH$_4$(0.23ppm)＜CH$_3$Cl(3.05ppm)＜CH$_2$Cl$_2$(5.33ppm)＜CHCl$_3$(7.27ppm)。

取代基的诱导效应随碳链增长迅速降低，对 α-碳原子上的氢化学位移影响最大，对 β-碳原子上的氢化学位移影响较小，对 γ-碳原子上的氢化学位移的影响非常微小（图 1.4）。

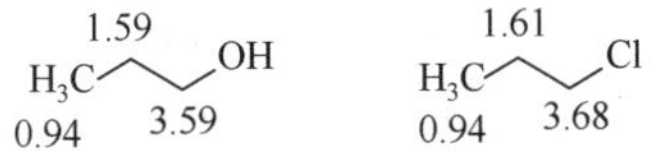

图 1.4　诱导效应随碳链增长迅速降低（单位：ppm）

2) 共轭效应

苯环上的氢被供电子基（如 CH$_3$O—、NH$_2$—）取代，由于 p-π 共轭，杂原子上的孤对电子会向苯环上转移，使苯环的电子云密度增大，化学位移向高场移动，一般来说，这种供电子共轭效应对杂原子邻位氢的屏蔽作用最大，对对位氢的屏蔽作用其次，而对间位氢的屏蔽作用最小（图 1.5）。这种效应在取代烯中也有相同的影响。

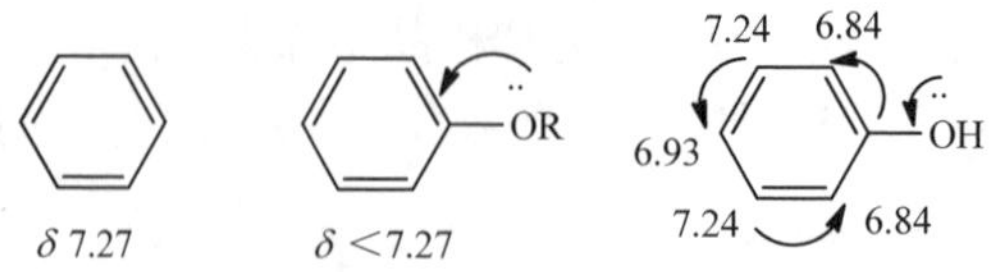

图 1.5　共轭效应对苯环氢化学位移的影响（单位：ppm）

苯环上被吸电子基（如 C═O、NO$_2$）取代时，由于 π-π 共轭，苯环上的电子向取代基转移，导致苯环的电子云密度降低，化学位移向低场移动。这种效应在取代的烯烃中也有相同的影响（图 1.6），但是与氧直接相连的烯氢受诱导效应的影响更大，因此化学位移出现在较低场。

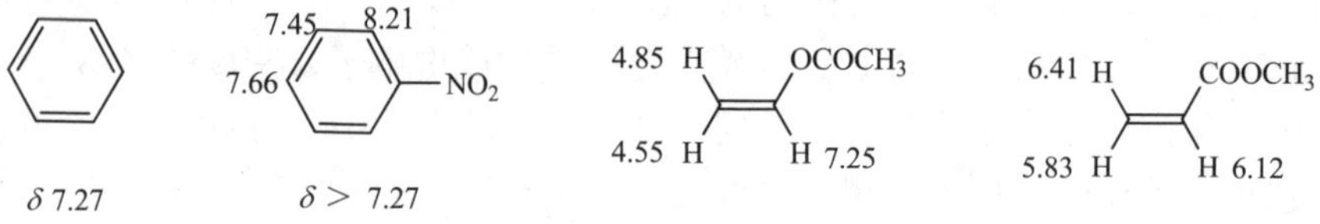

图 1.6　共轭效应对双键的影响（单位：ppm）

3）各向异性效应

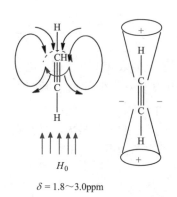

$\delta = 1.8 \sim 3.0 \text{ppm}$

图 1.7　sp 杂化的屏蔽作用

各向异性效应是指氢核与一些功能基由于空间位置不同，受到的屏蔽作用不同，导致其化学位移不同。其产生的原因是在外磁场的作用下，由电子构成的化学键会产生一个各向异性的附加磁场，使得某些位置的核受到屏蔽，而另一些位置上的核则为去屏蔽。化学键的各向异性，导致与其相连的氢核的化学位移不同。例如，CH$_3$CH$_3$ 中 ^{1}H 的化学位移为 0.86ppm，CH$_2$═CH$_2$ 中 ^{1}H 的化学位移为 5.25ppm，而 HC≡CH 中 ^{1}H 的化学位移为 1.80ppm，出现这种差异的原因主要与碳原子的杂化状态有关。

三键碳为 sp 杂化碳原子，与其相连的质子和三键为直线构型，π 电子云呈圆筒形分布，形成环电流，产生的感应磁场与外加磁场方向相反（图 1.7）。三键上的 H 质子处于屏蔽区，屏蔽效应强，共振信号移向高场，化学位移减小。

双键或苯环碳为 sp^2 杂化碳原子，π 电子云形成环电流，产生的感应磁场与外加磁场方向相同，核所感受到的实际磁场 $B_{有效}$ 大于外磁场（图 1.8 和图 1.9）。双键或苯环上的 H 质子处于负屏蔽区，屏蔽效应弱，共振信号移向低场，化学位移增大。例如，醛基 ^{1}H 的化学位移为 9~10ppm，苯环中 ^{1}H 的化学位移为 7.27ppm。而位于苯环、C═C 及 C═O 的正上方或正下方的质子则是被屏蔽的。以图 1.10 为例，化合物 a 中所示羟基取代 CH 的化学位移为 3.55ppm，小于氢构型不同的化合物 b，原因就是 a 中的双键对这个含氧取代氢有屏蔽作用（该氢空间上正好位于双键上方，处于双键的屏蔽区）；化合物 c 和 d

同理，c 中的甲基相比化合物 d，受到苯环的屏蔽，化学位移明显更小（偏向高场）。

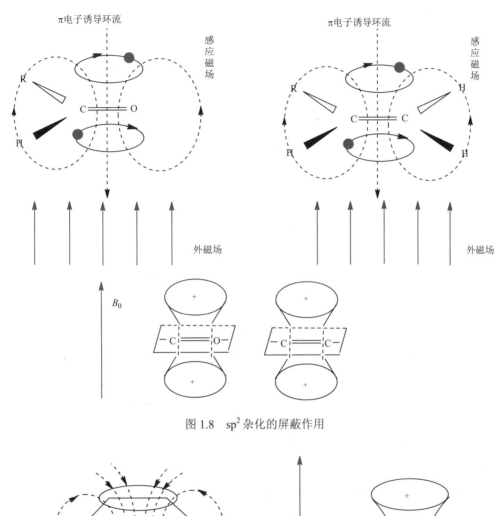

图 1.8 sp² 杂化的屏蔽作用

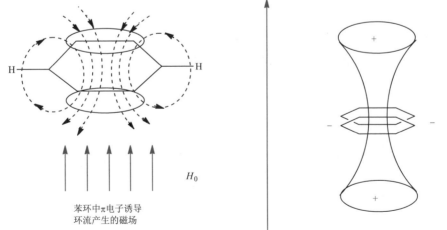

图 1.9 苯环的环流效应

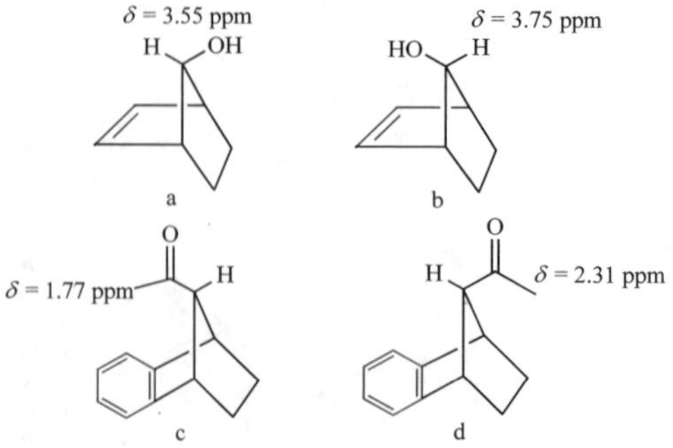

δ = 3.55 ppm
H
OH
a
δ = 3.75 ppm
HO
H
b
O
δ = 1.77 ppm
H
c
O
H
δ = 2.31 ppm
d

图 1.10　sp² 杂化对 C═C 和苯环正上方质子的屏蔽作用

某些环烯为由环流效应引起的屏蔽和去屏蔽作用提供了一个惊人的例子，在温度大约−60℃时，[18]轮烯［图 1.11（a）］外围的质子是强去屏蔽的（9.28ppm），而那些在环内的质子是强屏蔽的（−2.99ppm，比 TMS 的屏蔽还强）。而苯环参与成环的化合物［图 1.11（b）］中苯环正上方 CH_2 上质子为强屏蔽（0.3ppm），苯环旁边的 CH_2 为去屏蔽（2.3ppm）。

δ = −2.99ppm
δ = 9.28ppm
(a)
δ = 0.3ppm
CH₂—CH₂—CH₂—CH₂—CH₂CH₂
CH₂
CH₂
H₂CH₂C
CH₂CH₂
δ = 2.3ppm
(b)

图 1.11　环烯的环流效应

单键碳为 sp³ 杂化碳原子，C—C 单键的 σ 电子产生的各向异性效应较小，在单键的上下方为屏蔽区，单键的外侧为去屏蔽区；而对于成环的椅式构象化合物，一般直立键处于屏蔽区，平伏键处于去屏蔽区（图 1.12），但是化学位移差别不大。

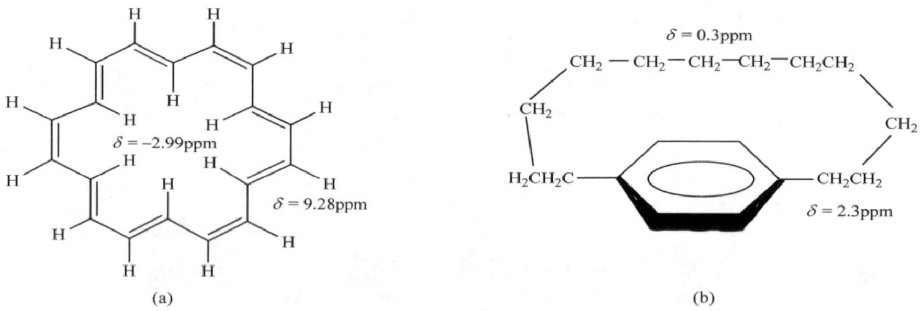

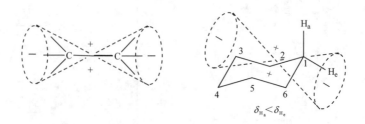

C
C
Ha
He
1
2
3
4
5
6
δHa < δHe

图 1.12　C—C 单键的屏蔽效应

4）范德华效应

当分子内有强极性基团时，它在分子内产生电场，这将影响分子内其余部分的电子云密度，从而影响其他核的屏蔽常数。因此，当所研究的氢核和邻近的原子间距小于范德华半径之和时，氢核外电子被排斥，使核裸露，屏蔽减小，化学位移增大（图 1.13）。靠近的基团越大，该效应越明显。

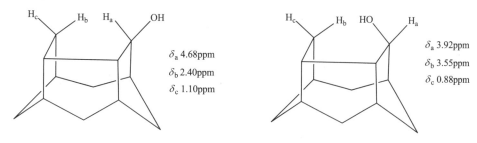

δ_a 4.68ppm
δ_b 2.40ppm
δ_c 1.10ppm

δ_a 3.92ppm
δ_b 3.55ppm
δ_c 0.88ppm

图 1.13 范德华效应

5）氢键效应

氢键的形成可降低核外电子云密度，有去屏蔽效应，使质子的 δ 值显著增大，化学位移会在很宽的范围内变化[10]。无论是分子内氢键还是分子间氢键都使氢核受到去屏蔽作用，吸收峰移向低场。其中分子间氢键受环境影响较大，样品浓度、温度影响氢键质子的化学位移。当样品浓度增加时，其缔合程度增大，分子间氢键增强，羟基氢化学位移增大，如乙醇（图 1.14）和苯酚（表 1.2）中活泼氢的化学位移随化合物浓度增加而增大。而形成分子内氢键时，化学位移与溶液浓度无关，取决于分子本身结构（图 1.15）。

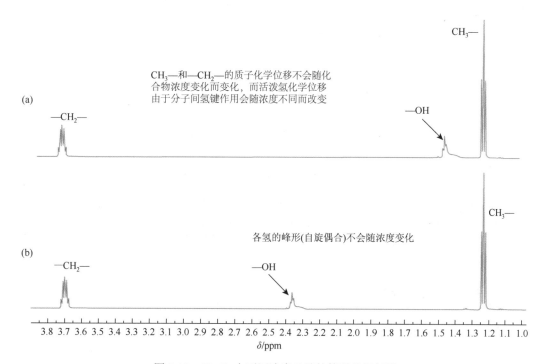

图 1.14 CDCl$_3$ 中不同浓度乙醇的核磁共振氢谱

（a）1%；（b）6%

表 1.2　苯酚中酚羟基活泼氢的化学位移与浓度的关系

浓度	100%	20%	10%	5%	2%	1%
δ/ppm	7.45	6.8	6.4	5.9	4.9	4.35

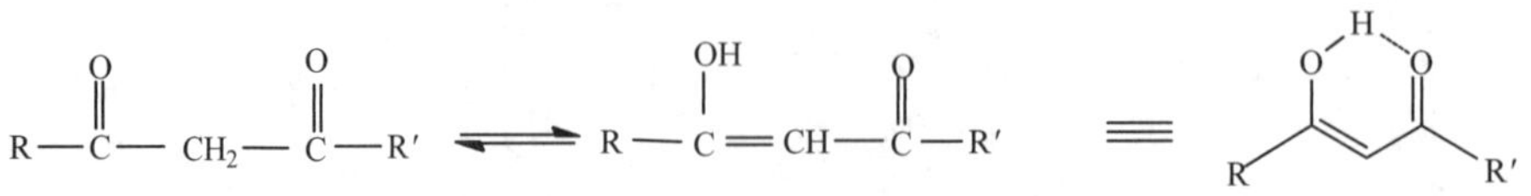

图 1.15　分子内氢键对化学位移的影响

1.2.2.3　各类质子的化学位移表

氢谱化学位移的具体数值在 20 世纪 60 年代已有完善的总结，如表 1.3 所示[9]。一些基团的化学位移值可用经验公式进行估算。

表 1.3　各类质子化学位移值范围

质子的化学环境	δ/ppm	质子的化学环境	δ/ppm
—C(=O)—OH	10～11	CH_3N	约 3.0
—C(=O)—H	9～12	RCH_3（饱和）	约 0.9
Ar—H	约 7.2	R_2CH_2（饱和）	约 1.3
C=C（H）	4.3～6.4	R_3CH（饱和）	约 1.5
CH_3O—	约 3.7	ROH	3.0～6.0
—CH_2O—	4.0	ArOH	4.5～8.0
—C≡CH	2.5	RNH_2	1.8～3.4
H_3C—C(=O)—	2.1	$ArNH_2$	3.0～4.5
H_2C=C(=O)—	2.3	—C(=O)—N(H)	5.0～8.5（宽峰）
—C≡CCH_3	1.8	R—SH	1.1～1.5

1.2.3　自旋耦合和自旋裂分

相邻两个（组）磁性核之间的相互作用称为自旋耦合（干扰），引起共振峰发生裂分，谱线增多（图 1.16）。由自旋裂分所产生的裂距称为耦合常数，用 J 表示，单位是 Hz。它反映了耦合作用的强弱，耦合常数大表示耦合作用强。耦合常数只取决于分子内耦合核的局部磁场强度，而与外磁场强度无关。自旋量子数 $I>0$ 的原子核才有自旋干扰作用。此外，磁等价的原子核相互之间虽有自旋干扰作用，但不产生峰的裂分现象。

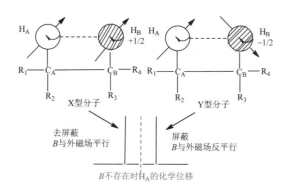

图 1.16　自旋耦合和自旋裂分（B 表示 H_B 产生的磁场）

1.2.3.1　$n+1$ 规律

一组等价质子邻近有 n 个等价质子，则该组质子被裂分为 $n+1$ 重峰。例如，$CH_3CH_2CH_3$ 中 CH_2 周围有 6 个等价质子，则产生七重峰（$6+1=7$）；而 CH_3 周围有 2 个等价质子，则产生三重峰（$2+1=3$）。同理，化合物 $ClCH_2CH_2CH_2I$ 的氢谱中出现两个三重峰（H_b 和 H_c）和一个五重峰（H_a）（图 1.17）。

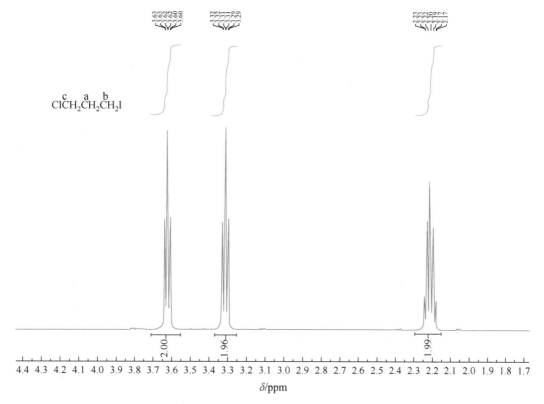

图 1.17　化合物 $ClCH_2CH_2CH_2I$ 的氢谱

1.2.3.2　耦合常数

每组吸收峰内各峰之间的距离称为耦合常数，以 J_{ab} 表示。下标 ab 表示相互耦合的磁不等性氢核的种类（图 1.18）。耦合常数的单位用 Hz 表示。耦合常数的大小与外加磁场强度和使用仪器的频率无关。

$$J_{ab} = (\delta_a - \delta_b) \times 仪器频率数（MHz）$$

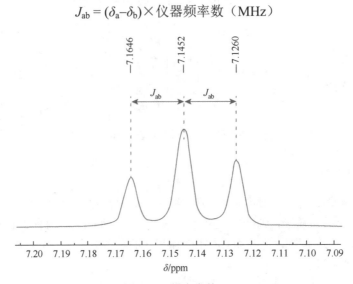

图 1.18　耦合常数 J_{ab}

耦合常数的大小与质子之间键数有关。键数越少，耦合常数越大；键数越多，耦合常数越小。按照相互耦合质子之间相隔键数的多少，可将耦合作用分为同碳耦合（同碳上质子之间的耦合）、邻碳耦合和远程耦合三类。一般来说，两个氢之间的耦合常数与两个氢的化学键的键角有关，越接近 90°，耦合常数越小；越接近 0°或 180°，耦合常数越大。

在实际谱图中互相耦合的二组峰强度会出现内侧高、外侧低的情况，称为向心规则（图 1.19）。利用向心规则，可以找出 NMR 谱中相互耦合的峰。

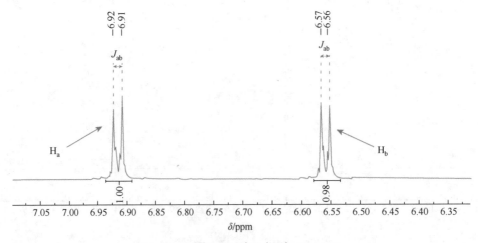

图 1.19　向心规则

1）同碳耦合

同碳耦合指耦合核之间间隔 2 个键（H—C—H），用 ^2J 表示。同碳耦合作用通常看不到裂分。例如，CH_3I 的甲基氢为单峰，原因是甲基的快速自由旋转导致耦合平均化，化学位移相同。对于烯氢，可以看到同碳耦合引起的分裂，因为双键碳是不能自由旋转的。

2）邻碳耦合

耦合核之间间隔 3 个键（H—C—C—H），用 ^3J 表示。在 NMR 谱图中遇到最多的是邻位耦合，一般 $^3J = 6 \sim 8Hz$。

3）远程耦合

耦合核之间间隔的键数≥4（H—C—C—C—H）。除了具有大 π 键或 π 键的系统外，远程耦合常数都比较小。例如，苯环存在 ^4J 耦合（远程耦合），其间位氢耦合，$^mJ = 1 \sim 4Hz$；对位氢耦合，$^pJ = 0 \sim 2Hz$。而苯环相邻氢为 ^3J 耦合，耦合常数为 8.5Hz 左右。

1.2.3.3 核的等价性

核的等价性包括化学等价和磁等价。

1）化学等价

若分子中两个相同原子（或两个相同基团）处于相同的化学环境，其化学位移相同，它们是化学等价的，仅出现一组 NMR 信号。化学等价与否，是决定 NMR 谱图复杂程度的重要因素。

CH_3—O—CH_3 一组 NMR 信号

CH_3—CH_2—Br 两组 NMR 信号

$(CH_3)_2CHCH(CH_3)_2$ 两组 NMR 信号

CH_3—CH_2COO—CH_3 三组 NMR 信号

一组核是否化学等价可以从单键的旋转、是否与手性碳相连或分子的对称性操作来判断，即分为快速旋转（翻转）化学等价和对称性化学等价。

（1）通过 σ 键的快速旋转导致的化学等价。如 CH_3F 中三个质子通过绕 C_3 轴的旋转实现化学等价（图 1.20），CHF_2CH_2Cl 中 CH_2 上两个质子通过 C—C 单键的快速旋转，实现化学等价（图 1.21）。降低温度可使 σ 键的旋转受阻，导致原本化学等价的质子不再等价（图 1.22）。

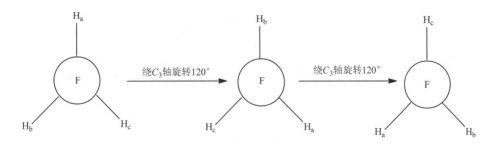

图 1.20　CH_3F 的 C_3 轴和绕 C_3 轴旋转 120° 的效果

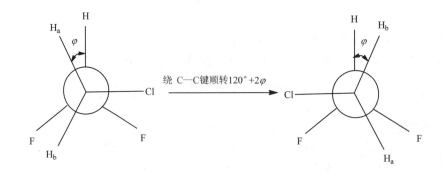

图 1.21　CHF$_2$CH$_2$Cl 中绕 C—C 单键的快速旋转

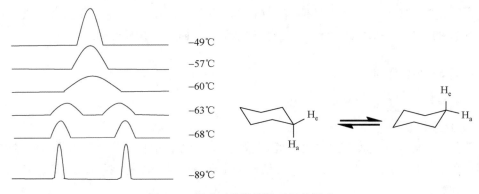

图 1.22　温度对化学等价质子的影响

（2）对称性化学等价。当分子构型中存在对称性（对称点、对称线、对称面），通过对称操作，可以互换位置的质子则为化学等价。例如，图 1.23（a）中 H$_a$ 与 H$_b$，图 1.23（b）中 H$_a$ 与 H$_b$、H$_c$ 与 H$_d$，图 1.23（c）中 H$_a$ 与 H$_b$ 均属于对称性化学等价。

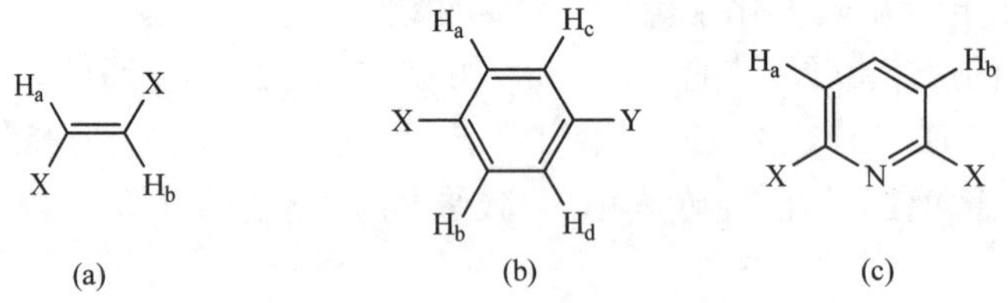

(a)　　　　　　　　　　(b)　　　　　　　　　　(c)

图 1.23　对称性化学等价

当 CH$_2$ 与手性碳原子相连时，其上两个质子是化学不等价的，如图 1.24（a）的化合物中 H$_a$ 与 H$_b$ 为化学不等价，即使没有与手性碳直接相连，中间隔着几个原子，H$_a$ 与 H$_b$ 也为化学不等价 [图 1.24（b）]。

2）磁等价

分子中相同种类的核（或相同基团）不仅化学环境相同，而且对组外任一核的耦合作用相等，只表现出一种耦合常数，则这组核称为磁等价核。其特点表现为：组内核化学位

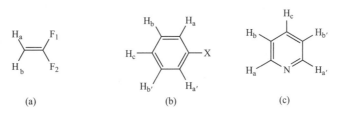

图 1.24　与手性碳相连的 CH$_2$ 的两个氢化学不等价

移相等；与组外核耦合的耦合常数相等；无外核干扰时，组内虽耦合，但不分裂。这并不意味着一个质子与体系中所有其他质子都有相同的耦合，而是相对于任何第三个质子而言，两个化学等价的质子必须等同地与第三个质子耦合。简单地说，磁等价必须化学等价，但化学等价则不一定磁等价。

举例来说，CH$_3$—CH$_2$OH 中由 σ 键的快速旋转导致两组质子既为化学等价又为磁等价，化合物 CH$_3$—CH$_2$O—CH$_2$—CH$_3$ 中两组质子也是同理，既为化学等价又为磁等价。

图 1.25 提供了化学等价但磁不等价的例子。图 1.25（a）中二氟乙烯为 AA′BB′体系，两个质子构成了一组化学等价核（AA′），两个氟构成了另一组化学等价核（XX′）。但由于两个质子中每个质子与指定氟的耦合都是不等同的（顺式和反式耦合常数不同），故而它们为磁不等价体系，形成的谱图不是一级裂分体系。同理，图 1.25（b）中单取代苯因有一个对称轴提供了两组化学位移等价质子 H$_a$H$_{a'}$ 和 H$_b$H$_{b'}$，但显而易见无论两个 H$_a$ 质子还是两个 H$_b$ 质子都是磁不等价的，因为质子 H$_a$ 分别与质子 H$_b$ 和 H$_b$ 的耦合是不同的（间隔三键和五键的差异）。同样图 1.25（c）中吡啶的 H$_a$H$_{a'}$ 和 H$_b$H$_b$ 质子体系也是化学等价而磁不等价。

图 1.25　化学等价但磁不等价的实例

图 1.26 提供了化学不等价和磁不等价的实例。图 1.26（a）中氟乙烯的三个质子 H$_a$、H$_b$ 和 H$_c$ 化学不等价，也磁不等价；图 1.26（b）中二取代苯的四个质子 H$_a$、H$_b$、H$_c$ 和 H$_d$ 既化学不等价，也磁不等价；图 1.26（c）中 N,N-二甲基甲酰胺的两个甲基上的质子同样化学不等价且磁不等价，因为 N,N-二甲基甲酰胺可以发生图示的异构化，两个甲基分别处于氧的顺式和反式位置，在 ^{1}H NMR 谱图中，两组甲基具有不同的化学位移。

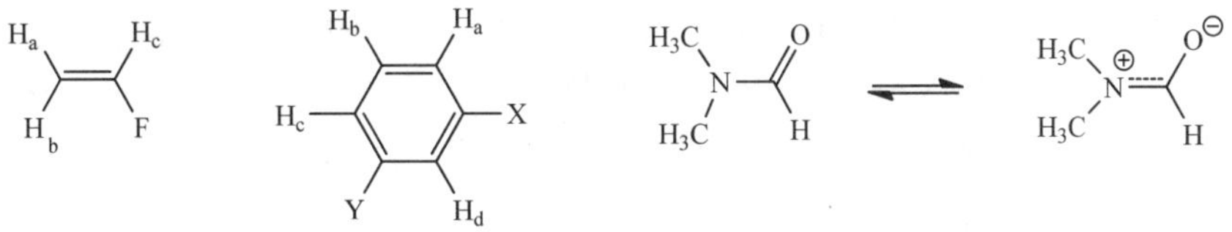

图 1.26　化学不等价和磁不等价的实例

1.2.4　几种常见结构的核磁共振氢谱

1.2.4.1　苯环

1）单取代苯环

在谱图的苯环区内，从积分曲线得知有五个氢存在时，由此可判定苯环是单取代的。随着取代基变化，苯环的耦合常数改变并不大，取代基的性质（它使邻、间、对位氢的化学位移偏离苯）决定了谱图的复杂程度和形状。

结合苯环取代基的电子效应，提出了三类取代基的概念，以此来讨论取代苯环的谱图：

（1）第一类取代基团是使邻、间、对位氢的 δ 值（相对未取代苯）位移均不大的基团。属于第一类取代基团的有—CH$_3$、—CH$_2$、—CH—、—Cl、—Br、—CH=CHR、—C≡C等［图 1.27（a）］。由于邻、间、对位氢的化学位移差别不大，它们的峰拉不开，总体来看是中间高、两边低的大峰。

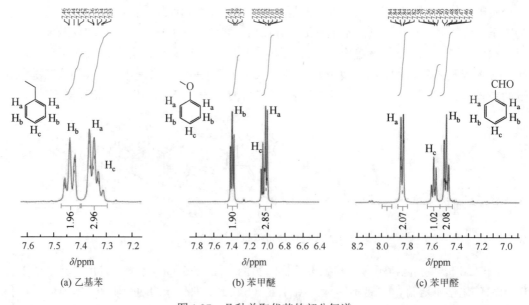

图 1.27　几种单取代苯的部分氢谱

（2）第二类取代基团是有机化学中使苯环活化的邻、对位定位基。从有机化学的角度看，其邻、对位氢的电子密度升高使亲电反应容易进行。从核磁的角度看，电子密度升高使谱峰移向高场。邻、对位氢的谱峰向高场的移动较大，间位氢的谱峰向高场移动较小，因此苯环上的五个氢的谱峰分为两组：邻、对位的氢（一共三个氢）的谱峰在相对高场位置；间位的两个氢的谱峰在相对低场位置。由于间位氢的两侧都有邻碳上的氢，^3J 又大于 ^4J 及 ^5J，因此其谱峰粗略看是三重峰。高场三个氢的谱图则很复杂［图 1.27（b）］。属于该类取代基的有—OH、—OR、—NH$_2$、—NHR、—NR′R″等。

（3）第三类取代基团是有机化学中的间位定向基团。这些基团使苯环钝化，电子云密度降低。从核磁的角度看就是共振谱线（相对于未取代苯环）移向低场。邻位两个氢谱线位移较大，处在最低场，粗略呈双峰。间、对位三个氢谱线也向低场移动，但因位移较小，相对处于高场[图 1.27（c）]。属于第三类取代基团的有—CHO、—COR、—COOR、—COOH、—CONHR、—NO$_2$、—N＝N—Ar、—SO$_3$H 等。

　　知道单取代苯环谱图的上述三种模式对于结构推导很有用处。例如，未知物谱图苯环部分低场两个氢的谱线的 δ 值靠近 8.0ppm，粗看是双重峰，高场三个氢的谱线的 δ 值也略大于 7.3ppm（苯的 δ 值），由此可知有羰基、硝基等第三类取代基团的取代。

　　2）二取代和多取代苯环

　　（1）对位取代苯环。对位取代苯有二重旋转轴。其谱图是左右对称的。苯环上剩余的四个氢构成 AA′BB′体系，图谱应该左右对称。四个氢之间仅存在两对 ^3J 耦合关系，因此它们的谱图简单（图 1.28）。对位取代苯环谱图具有鲜明的特点，是取代苯环谱图中最易识别的。

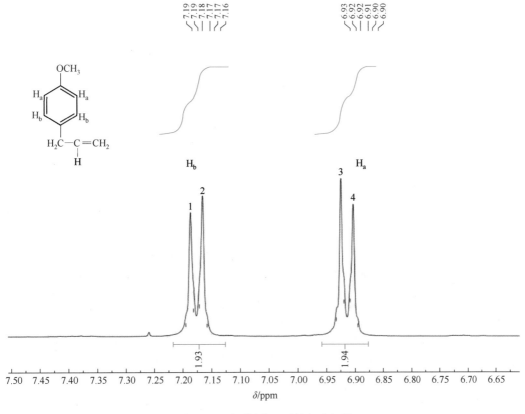

图 1.28　对丙烯苯甲醚的部分氢谱

　　（2）邻位取代苯环。

　　a. 相同基团邻位取代，此时形成 AA′BB′体系，其谱图左右对称。

　　b. 不同基团邻位取代，此时形成 ABCD 体系，其谱图很复杂。因单取代苯环分子有对称性；在二取代苯环中，对位、间位取代的谱图比邻位取代简单；多取代则使苯环上氢的数目减少，从而谱图得以简化，因此不同基团邻位取代苯环具有最复杂的苯环谱图（图 1.29）。

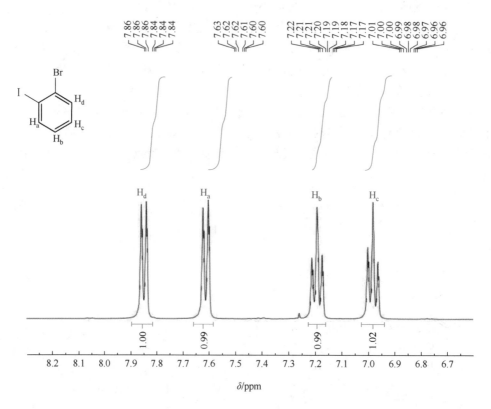

图 1.29　邻碘溴苯的部分氢谱

　　（3）间位二取代苯。相同基团取代，环上四氢形成 AB_2C 体系。不同基团取代，环上四氢形成 ABCD 体系。一般谱图相当复杂，但中间间隔的那个氢因无 ^3J 耦合，常呈粗略的单峰（图 1.30）。当该单峰未与其他的峰组重叠时，由该单峰可以判断间位取代苯环的存在。

　　（4）多取代苯环。三取代时，剩余的氢构成 AMX 或 ABX、ABC、AB_2 体系；四取代时，剩余的氢构成 AB 体系；五取代时，剩余的孤立氢呈单峰。

1.2.4.2　取代的杂芳环

　　由于杂原子的存在，杂芳环上不同位置的氢的 δ 值已拉开一定距离，取代基效应使之更进一步拉开，因此取代的杂芳环的氢谱经常可按一级谱近似地分析，但需注意氢核之间的耦合常数（^3J、^4J 等）的数值和它们相对杂原子的位置有关。

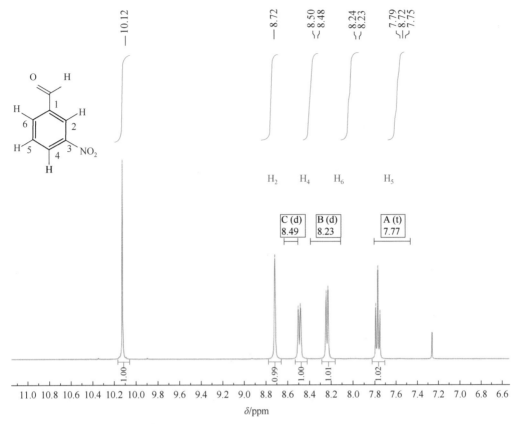

图 1.30　间硝基苯甲醛的部分氢谱

1.2.4.3　烯氢

烯氢谱峰处于烷基与苯环氢谱峰之间。由于常存在几个耦合常数，峰形较复杂。在许多情况下，烯氢谱峰可按一级谱近似分析。若在同一烯碳原子上有两个氢（端烯），其 ^2J 值仅约 2.0Hz，这使裂分后的谱线复杂又密集。

1.2.4.4　活泼氢（重氢交换）

因氢键的作用，活泼氢的出峰位置不定，与样品浓度、介质、作图温度等有关，重氢交换可去掉活泼氢的谱峰，由此可以确认其存在，交换反应速率的顺序：OH＞NH＞SH。

1.2.4.5　常见氘代试剂氢谱化学位移表

常见氘代试剂氢谱化学位移见表 1.4。实验室中最为常用的氘代试剂主要是 $CDCl_3$、$(CD_3)_2CO$、D_2O、$(CD_3)_2SO$ 和 CD_3OH。

表 1.4　常见氘代试剂氢谱化学位移

溶剂	δ_H/ppm	溶剂	δ_H/ppm
$CDCl_3$	7.27	$(CD_3)_2SO$	2.50
$(CD_3)_2CO$	2.05	D_2O	4.8（变化大，与样品浓度及温度有关）

续表

溶剂	δ_H/ppm	溶剂	δ_H/ppm
C_6D_6	7.20	氘代乙腈	1.93
CD_3OH	3.35	氘代乙醚	3.34, 1.07
氘代乙酸	11.53, 2.03	氘代乙醇	5.19, 3.55, 1.11
氘代环己烷	1.63	氘代三氟乙酸	11.50
氘代吡啶	6.98, 7.35, 8.50	氘代四氢呋喃	3.58, 1.73
氘代甲苯	7.09, 7.00, 6.98, 2.09	氘代硝基甲烷	4.33
氘代二氧六环	3.55		

1.2.5　NOE

核欧沃豪斯效应（nuclear Overhauser effect，NOE）来源于成对自旋核的一种自旋弛豫，称为交叉弛豫。NOE 不需要化学键的干预或质子间的 J 耦合，相反，NOE 依赖于质子间的偶极效应。因此，NOE 的一个重要应用是检测哪两个质子在空间上是靠近的（<4 Å）。NOE 可以通过低功率（比去耦功率低）照射样品中指定质子对应的峰来观察，与被照射质子空间靠近的质子的峰信号强度会增强，这就是 NOE 的放大效应（这对小分子是适用的，对像蛋白质这样的大分子，NOE 可能会使空间靠近的质子信号强度降低而不是增强）。通常可观察到的增益不超过 20%。为了增加灵敏度，常使用 NOE 差谱实验。通过计算机将一张普通 ^1H 谱与另一张照射特定质子所得的谱相减，这种相减的结果只保留了被 NOE 增强的吸收峰，换言之，只显示空间上靠近被照射质子的氢的信号峰。

综上所述，解析氢谱要从三个相互关联的信息入手：谱峰积分值、化学位移和自旋耦合常数。谱峰积分值提供了化合物中不同等价核组中氢原子的个数比例。化学位移指的是不同化学环境下的质子在谱图中的出峰位置。自旋耦合裂分揭示了磁性核之间的相互影响，并透露了相邻核间信号，提供了重要的内在结构信息[12]。

1.3　碳　　谱

^{13}C 核磁共振（^{13}C NMR）的信号是 1957 年由 P. C. Lauterbur 首先观察到的。碳是组成有机物分子骨架的元素，人们清楚认识到 ^{13}C NMR 对化学研究的重要性。由于 ^{13}C 的信号很弱，加之 ^1H 核的耦合干扰，^{13}C NMR 信号变得很复杂，难以测得有实用价值的谱图。20 世纪 70 年代后期，质子去耦和傅里叶变换技术的发展和应用，才使 ^{13}C NMR 的测定变得简单易得。

1.3.1　^{13}C NMR 的特点

（1）^{13}C NMR 谱化学位移范围宽，分辨能力高。^1H NMR 常用 δ 值范围为 $0\sim15$ppm，而且 10ppm 以后一般除醛基氢外基本为活泼氢，而 ^{13}C NMR 常用 δ 值范围为 $0\sim250$ppm

（碳正离子达 300ppm），其分辨能力远高于 ^{1}H NMR，谱线不易重叠。

（2）^{13}C NMR 可以给出所有类型碳的共振吸收峰，包含季碳。此外，结合无畸变极化转移增强（DEPT）谱，可以区分伯、仲、叔、季四种碳的类型。

（3）^{13}C NMR 谱中不能用积分曲线获取碳的数目信息，但是如果几个碳谱线重合，谱线的高度一般会相应增加。

（4）^{13}C-^{1}H 耦合常数较大，$^1J_{CH}$ = 110～320Hz。耦合谱的谱线交叠，谱图复杂。目前常规 ^{13}C NMR 谱多为全去耦谱，所有的碳均为单峰，使谱图容易解析。

1.3.2 ^{13}C NMR 与 ^{1}H NMR 的主要区别

（1）在常用的对氢去耦的 ^{13}C NMR 谱中，峰形呈单峰，除非分子中含有其他磁性核，如 ^{2}H、^{31}P 或 ^{19}F。

（2）^{13}C NMR 谱峰化学位移的分布范围比 ^{1}H NMR 谱大。

（3）由于具有多变的 T_1 值（弛豫）以及 NOE 的存在，在常规 ^{13}C NMR 谱中，峰的强度不能反映碳原子的数量。

（4）^{13}C 核的天然丰度和灵敏度比 ^{1}H 核低得多，所以需要更高浓度的样品和较长的采样时间。

（5）对于一种指定的氘代溶剂，^{13}C NMR 与 ^{1}H NMR 溶剂峰的多重性不同。

可见，^{13}C NMR 与 ^{1}H NMR 并用可以提供完整的信息[6]。

1.3.3 ^{13}C NMR 的化学位移及影响因素

化学位移是 ^{13}C NMR 的重要参数，由碳核所处的化学环境决定。核外电子云屏蔽作用越强，δ_C 值位于高场端。以 TMS 为内标物质，规定 TMS 的 ^{13}C 的 δ_C 值为零，位于其左侧（低场）的 δ_C 值为正值，右侧（高场）的 δ_C 值为负值。影响 ^{13}C NMR 谱中 C 原子化学位移的主要因素同样包括碳原子杂化状态、诱导效应、共轭效应、各向异性效应和氢键效应。

1.3.3.1 影响化学位移的因素

1）碳原子的杂化

碳原子的杂化状态是影响 δ_C 值的重要因素，杂化对 ^{13}C NMR 和 ^{1}H NMR 的影响相似。化合物中碳原子杂化轨道有 sp^3、sp^2 和 sp 三种，以 TMS 为基准物，碳原子杂化影响见表 1.5。

表 1.5 不同杂化碳原子化学位移范围

碳原子杂化	所在基团	δ_C/ppm
sp^3	CH$_3$<CH$_2$<CH<季碳	较高场 0～60
sp	C≡CH	中间场 60～90
sp^2	—CH=CH$_2$	较低场 90～160
sp^2	>C=O	最低场 160～220

2）诱导效应

碳原子与电负性大的基团（吸电子基团）相连，碳核外电子云密度会降低，δ_C 值向低场移动，取代基电负性越大，δ_C 值向低场移动越大（表 1.6）。值得注意的是，^{13}C NMR 谱中存在重原子效应，即由于 I（Br）原子核外有丰富的电子，I（Br）的引入对与其相连的碳核产生抗磁性屏蔽作用。同一碳原子 I 取代数目越多，屏蔽作用越强。例如，CI_4 的化学位移为 –292.5ppm。重原子效应在 ^1H NMR 中不明显，原因是重原子直接与碳原子相连，而氢原子离重原子有两键长度，受重原子影响较小。

表 1.6   吸电子诱导效应对化学位移的影响

化合物	CH_3I	CH_3Br	CH_3Cl	CH_3F	
δ_C/ppm	–20.7	20.0	24.9	80	
化合物	CH_4	CH_3Cl	CH_2Cl_2	$CHCl_3$	CCl_4
δ_C/ppm	–2.6	24.9	52	77	96

诱导效应对取代基的 α 位影响最大，β 位次之，γ 位反而向高场移动，这是由 γ-效应引起的（表 1.7）。

表 1.7   诱导效应、重原子效应、γ-效应对化学位移的影响（ppm）

X	—	CH_2	—	CH_2	—	CH_2	—	CH_2	—	CH_2	—	CH_3
X=H		14.2		23.1		32.2		32.2		23.1		14.2
X=I		7.0		34.0		30.7		31.3		23.1		14.2
X=Br		33.9		33.3		28.4		31.5		23.1		14.2
X=Cl		45.2		33.1		27.1		31.7		23.1		14.2
X=F		84.3		30.9		25.4		32.2		23.1		14.2

　　　　　重原子效应　　　诱导效应　　　　γ-效应

3）共轭效应

共轭效应又称离域效应，是指原子间的相互影响而使体系内的 π 电子（或 p 电子）分布发生变化的一种电子效应。凡共轭体系上的取代基能降低体系的电子云密度，则这些基团有吸电子共轭效应，用 –C 表示，凡共轭体系上的取代基能升高体系的电子云密度，则这些基团有供电子共轭效应，用 +C 表示。

共轭体系中由于 p-π 共轭或者 π-π 共轭，苯环或者双键的电子分布发生变化，导致其化学位移向低场或高场移动。

如果苯环或双键上氢被供电子基（如 CH_3O、NH_2）取代，由于 p-π 共轭，杂原子上的孤对电子会向苯环上转移，使苯环的电子云密度升高，使苯环或者双键的化学位移向高场移动，δ_C 值变小；如果氢被吸电子共轭基（如 C=O、NO_2、CN）取代时，由于 π-π 共轭，苯环或双键上的电子向取代基转移，导致苯环或双键的电子云密度降低，产生去屏蔽效应，使苯环或者双键的化学位移向低场移动，δ_C 值变大。例如，反-2-丁烯醛［图 1.31（a）］受到醛基 π-π 共轭的影响，电子向醛基转移，双键发生去屏蔽，双键碳化学位移均大于反-2-丁烯［图 1.31（b）］，根据共轭后电子的分布规律，C-3 电子云密度比 C-2 更低，故位于更低场，醛基碳较乙醛［图 1.31（c）］位于高场（羰基与双键或苯共轭时，移向高场）。

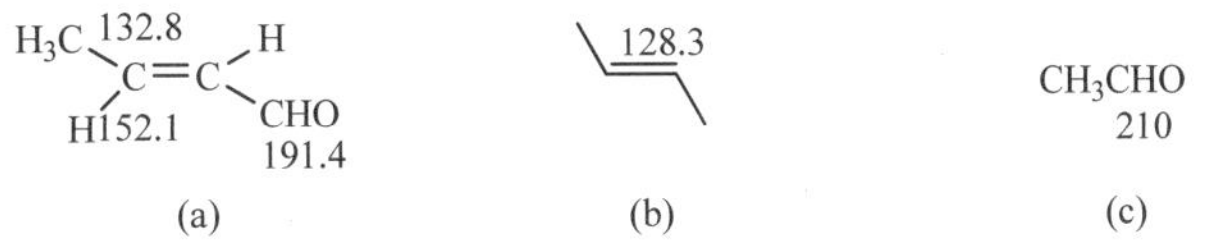

图 1.31　共轭效应对反-2-丁烯醛 δ_C 值的影响（单位：ppm）

苯甲酸中—COOH 的共轭效应同样降低了苯环电子云密度，对 C-2(6)（邻位）的去屏蔽作用最大，对 C-4（对位）的去屏蔽作用次之，对 C-3(5)（间位）的屏蔽作用最小［图 1.32（c）］。取代基为—CN（—C≡C）时，对苯环叔碳的影响与—COOH 类似，但是 C-1 由于直接与三键碳相连，处在向异性效应的屏蔽区，故 δ_C 值大幅向高场移动［图 1.32（d）］。

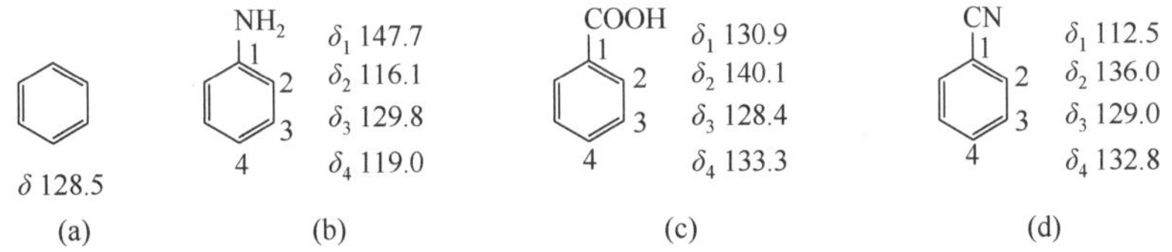

图 1.32　共轭效应对苯环 δ_C 值的影响（单位：ppm）

同理，供电子共轭效应（如—NH_2）对杂原子邻位碳的屏蔽作用最大，对对位碳的屏蔽作用其次，而对间位碳的屏蔽作用最小［图 1.32（b）］。

苯环氢被取代基取代后，苯环上碳原子 δ_C 值变化规律如下：

（1）C-1 受诱导效应影响，带部分正电荷，移向低场，δ_{C-1} 值增大。取代基为—CN（—C≡C）时，由于各向异性效应，向高场移动。

（2）苯氢被—NH、—OH 取代后，邻位、对位碳屏蔽作用增大；苯氢被—COOH、—CN 取代后，邻位、对位碳屏蔽作用减小。

（3）无论取代基是供电子基团还是吸电子基团，对间位碳 δ_C 值影响不大。

当共轭程度被降低时，共轭效应的影响也会相应减弱。例如邻甲基苯乙酮，由于乙酰基邻近有甲基取代，π-π 共轭程度降低，羰基 δ 值向低场移动［图 1.33（b）和（c）］。

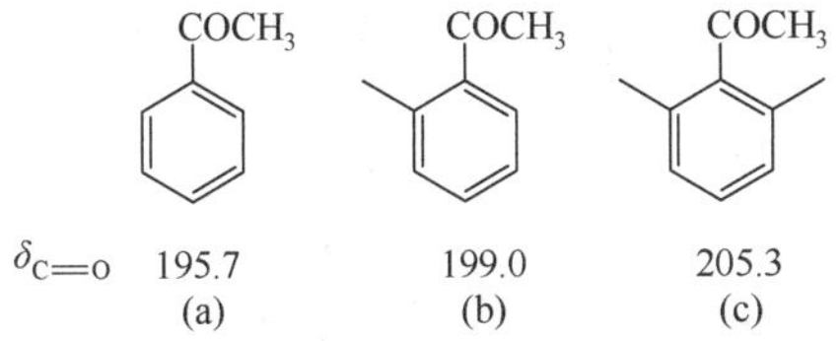

图 1.33　空间效应对共轭效应的影响（单位：ppm）

4) 分子内氢键

氢键的形成使 C=O 中碳核电子云密度降低，$\delta_{C=O}$ 值向低场移动 [图 1.34 (b) 和 (d)]。

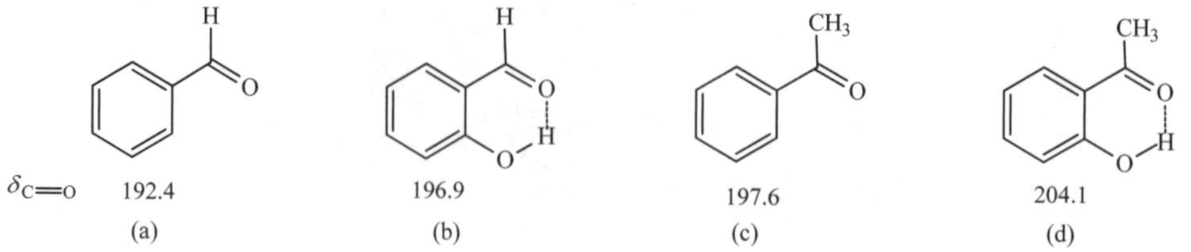

	(a)	(b)	(c)	(d)
$\delta_{C=O}$	192.4	196.9	197.6	204.1

图 1.34　分子内氢键对苯环 $\delta_{C=O}$ 值的影响（单位：ppm）

1.3.3.2　化学位移表

常见碳核的化学位移值见表 1.8。

表 1.8　常见基团 ^{13}C NMR 的化学位移范围（TMS 为内标）

基团或结构片段	δ/ppm	基团或结构片段	δ/ppm
CH$_3$—N	20~45	烷烃碳	5~55
CH$_3$—O	40~60	烯烃碳	110~150
CH$_3$—C	30 左右	炔烃碳	70~100
—CH$_2$—N	40~60	芳烃碳	110~135
—CH$_2$—O	40~70	苯	128
—CH$_2$—C	24~45	取代芳烃碳	125~145
—CH—N	50~70	芳杂环	115~140
—CH—O	60~76	酮基	195~220
—CH—C	30~60	醛基	195~220
—C—O	70~80	羧基	165~185
—C—C	35~70	羧基酯	160~180

1.3.3.3　几种常见结构的 ^{13}C NMR 谱

1) 脂肪烃类

（1）链状烷烃。未被杂原子取代的链状烷烃 δ_C 值为 0~60ppm，伯碳在较高场，季碳在较低场。长链烷烃中，末端 CH$_3$ 的 δ_C 值为 13~14ppm，C-2 的 δ_C 值为 22~23ppm。一般可应用取代基加位移效应得到计算值。

（2）环烷烃。环烷烃中 δ_C 值与环大小无明显内在关系，除环丙烷外，环烷烃中碳的化学位移变化幅度不会超过 6ppm（图 1.35）。如果环上引入烷基取代基后，可使环烷烃的 α 碳和 β 碳的 δ_C 值向低场移动，γ 碳的 δ_C 值向高场移动。

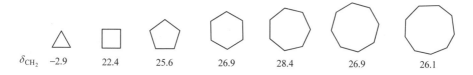

图 1.35 环烷烃的 ^{13}C NMR 的化学位移值（单位：ppm）

（3）烯烃。烯碳为 sp^2 杂化，未被杂原子取代的烯碳 δ_C 值为 110～150ppm，通常末端烯烃双键碳（═CH_2）的 δ_C 值比与烷烃相连的双键碳（═CH—）向高场移动 10～40ppm（图 1.36）。除 Br、I、CN 外，取代基均使 α-C 的 δ 值向低场移动。取代烯的双键碳化学位移值有以下规律顺序：双键季碳＞双键 CH＞双键 CH_2。

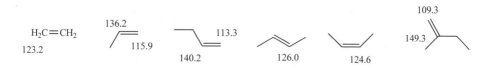

图 1.36 烯烃的 ^{13}C NMR 的化学位移值（单位：ppm）

（4）炔烃。烷基取代的炔烃及衍生物的 δ_C 值为 60～90ppm；与极性基团直接相连的炔碳 δ_C 为 20～95ppm；与三键直接相连的碳的化学位移向高场移动 5～15ppm（图 1.37）。

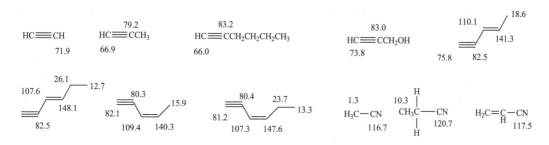

图 1.37 炔烃的 ^{13}C NMR 的化学位移值（单位：ppm）

2）芳环化合物

在 $CDCl_3$ 或 CCl_4 中，苯的 δ_C 值为 128.5ppm，取代苯 δ_C 值为 123～167ppm。除 CN、C≡C、Br、I 使 δ_{C-1} 值向高场移动外，其余取代基均使 δ_{C-1} 值向低场移动。所有取代基对间位碳影响小。

3）醇和醚

与氧相连的 δ_C 值为 60～70ppm。烷基中 H 被 OH 取代后，α 碳向低场移动 35～52ppm，β 碳向低场移动 5～12ppm，γ 碳向高场移动 0～6ppm，离羟基更远的碳受其影响较小（图 1.38）。

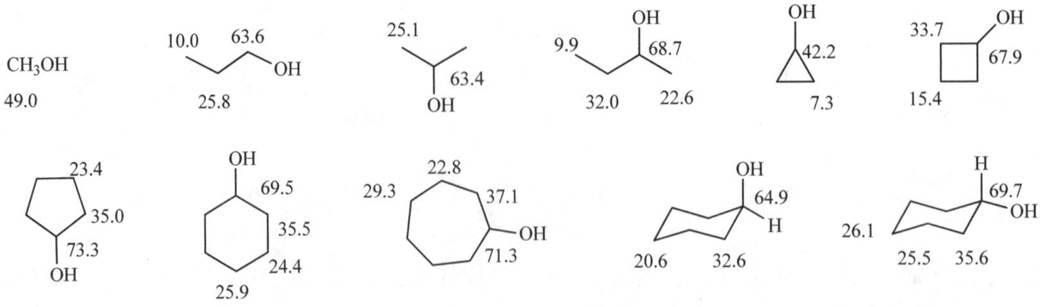

图 1.38　醇化合物的 ^{13}C NMR 的化学位移值（单位：ppm）

醇羟基酰化（乙酰化）后，C-1 向低场移动 2.5～4.5ppm，C-2 向高场移动 2.5～4.5ppm，γ 碳向低场移动约 1.0ppm，这种化学位移的变化称为酰化位移（图 1.39）。

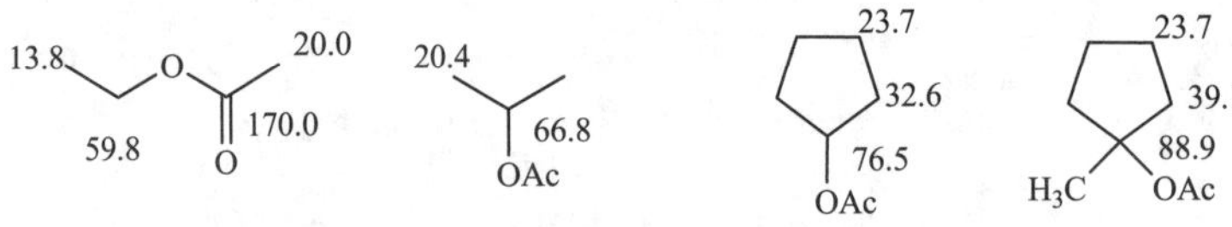

图 1.39　醇羟基酰化后对化学位移值的影响（单位：ppm）

糖与苷元成苷后，苷元的 α 碳、β 碳和糖端基碳的化学位移值均发生变化，这种改变称为苷化位移。苷化位移与苷元的结构有关，与糖种类无关。糖与醇成苷时，糖端基碳向低场移动，移动幅度与苷元的醇种类有关；而苷元的 α 碳一般向低场移动 5～7ppm，β 碳向高场移动约 4ppm。糖与羧基、酚羟基、烯醇羟基形成苷时，苷化位移值比较特殊，苷元 α 碳向高场移动 0～4ppm，糖端基碳在酚苷和烯醇苷中向低场移动，在酯苷中向高场移动，移动幅度为 0～4ppm。

4）羰基

羰基碳峰弱，其 δ_C 为 160～220ppm，除醛基外，羰基碳在偏共振去耦谱中以单峰出现（图 1.40）。

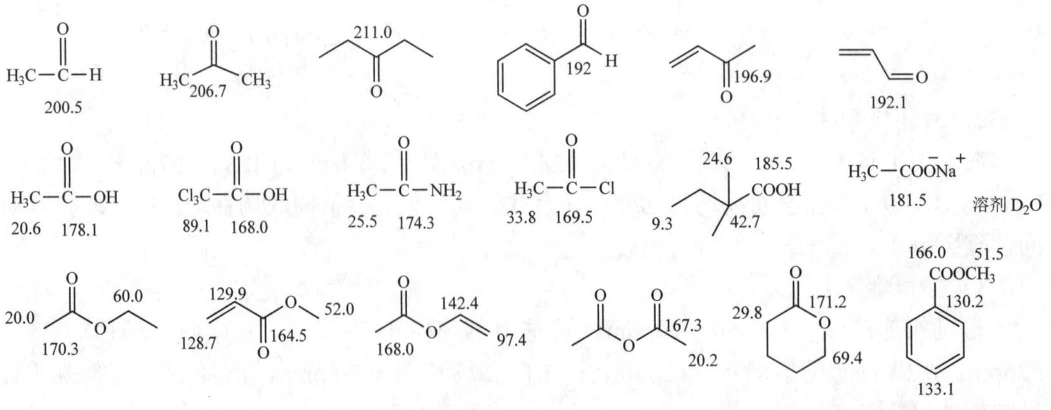

图 1.40　羰基化合物的 ^{13}C NMR 的化学位移值（单位：ppm）

5）含杂原子化合物

（1）杂环化合物。在环烷烃环上引入杂原子，杂原子相邻碳原子（C-2）和 C-3 向低场移动，C-4 向高场移动。不饱和杂环化合物中，含氧和含氮杂环上 C-2 比 C-3 在较低场（图 1.41）。

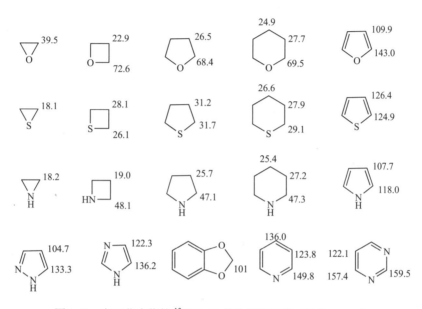

图 1.41 杂环化合物的 ^{13}C NMR 的化学位移值（单位：ppm）

（2）卤化物。卤素的取代效应比较复杂。氟和氯取代时，由于电负性影响，为引起碳原子向低场移动，引入卤素原子的数目增多，碳化学位移向低场移动增大。而当引入溴和碘原子时，除考虑电负性外，还应考虑重原子效应，使其向高场移动（表 1.9）。

表 1.9　常见卤代化合物化学位移值（单位：ppm）

化合物	δ_{C-1}	化合物	δ_{C-1}	化合物	δ_{C-1}	δ_{C-2}	δ_{C-3}
CH_4	−2.5	CH_2Br_2	21.4	CH_3CH_2F	79.3	14.6	
CH_3F	75.4	$CHBr_3$	12.1	CH_3CH_2Cl	39.9	18.7	
CH_3Cl	24.9	CBr_4	−28.5	CH_3CH_2Br	28.3	20.3	
CH_2Cl_2	54.0	CH_3I	−20.7	CH_3CH_2I	−0.2	21.6	
$CHCl_3$	77.5	CH_2I_2	−54.0	$CH_3CH_2CH_2Cl$	46.7	26.5	11.5
CCl_4	96.5	CHI_3	−139.9	$CH_3CH_2CH_2Br$	35.7	26.8	13.2
CH_3Br	10.0	CI_4	−292.5	$CH_3CH_2CH_2I$	10.0	27.6	16.2

（3）胺。NH_2 与烷基相连使 C-1 向低场移动约 30ppm，C-2 向低场移动约 11ppm，C-3 向高场移动约 4.0ppm。N-烷基化使 N 邻位 C-1 向低场移动增大（图 1.42）。

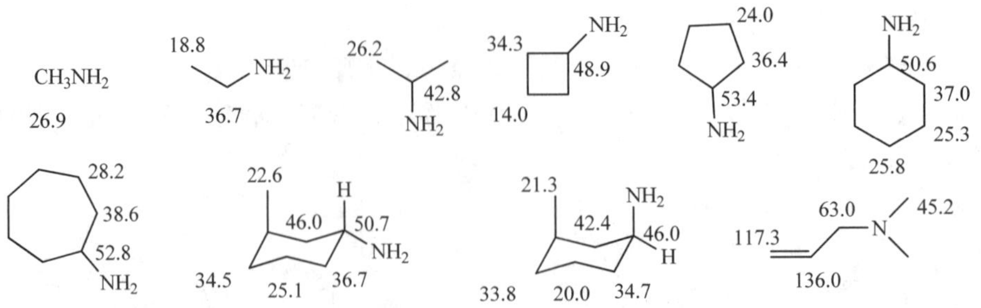

图 1.42　胺类化合物的 ^{13}C NMR 的化学位移值（单位：ppm）

1.3.3.4　常用有机溶剂的 ^{13}C 核的化学位移和峰数（峰裂分）

常用有机溶剂的 ^{13}C 核的化学位移和峰数见表 1.10，一般非氘代有机溶剂的碳不会发生裂分，氘代有机溶剂会发生碳信号裂分。

表 1.10　常用有机溶剂的 ^{13}C 核的化学位移和峰数

溶剂	峰数	^{13}C（氘代）/ppm	^{13}C（非氘代）/ppm
二氯甲烷	5	53.1	53.8
氯仿	3	77.5	78.5
甲醇	7	49.0	49.9
二甲亚砜	7	39.7	40.9
丙酮	7	29.8	30.0
苯	3	128.0	128.5
乙醇	7	15.8	16.9
	5	55.4	56.3
四氢呋喃	5	25.2	26.2
	5	67.4	68.2
吡啶	3	123.5	124.2
	3	135.5	136.2
	3	149.2	149.7

1.3.4　DEPT 谱

无畸变极化转移增强（distortionless enhancement by polarization transfer，DEPT）谱是通过改变照射 ^{1}H 的第三脉冲宽度（θ），使其作 45°、90°、135°的改变而得到的 ^{13}C NMR 谱图。除季碳信号检测不到外，当 θ=45°时，CH、CH$_2$、CH$_3$ 均为正信号；当 θ=90°时，CH 为正信号，CH$_2$、CH$_3$ 检测不到；当 θ=135°时，CH、CH$_3$ 为正信号，CH$_2$ 为负信号。例如，图 1.43 中叔戊基苯的碳谱解析，结合 ^{13}C NMR、DEPT90 和 DEPT135 可确定分子中含有 5 个 CH、3 个 CH$_3$、1 个 CH$_2$，其余均为季碳。DEPT 序列已经发展为确定碳核级数的首选程序。

综上所述，碳核磁共振谱在有机化合物的结构鉴定中应用最普遍。在解析碳谱时要综合利用全去耦谱和 DEPT（INEPT 或 APT）谱提供的信息，同时要综合分析其他方法提供

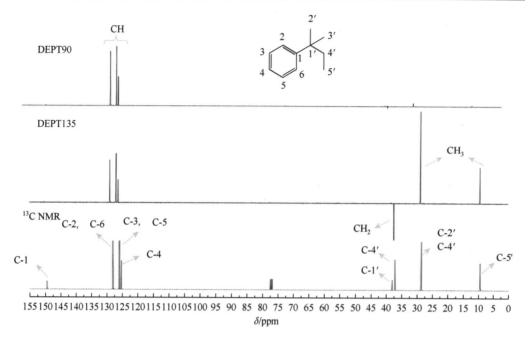

图 1.43　叔戊基苯 ^{13}C NMR、DEPT 谱解析实例

的信息（如元素分析、IR、UV、MS 和 ^{1}H NMR）。其碳信号的归属主要依靠与文献对照的方法，因此在解析化合物碳谱前，首先要了解不同类型化合物的碳化学位移范围以及影响化学位移的因素。需注意的是，在与文献数据对比时，不同溶剂会由于溶剂效应导致化学位移值出现差异[11, 12]。

1.4　二维核磁共振谱

　　二维核磁共振谱（2D NMR）方法是由 Jeener 于 1971 年首先提出的。1976 年，R. R. Ernest 确立了 2D NMR 的理论基础，其后通过深入研究，迅速发展了多种二维方法并把它们应用到物理化学和生物学的研究中，使之成为近代 NMR 中一种广泛应用的方法。2D NMR 谱在 1D NMR 的基础上引入第二维，使得在 1D NMR 谱中拥挤在一起的共振信号在 2D NMR 谱的一个平面上展开，减少了共振信号的重叠，提供了核与核之间相互关联的新信息。因此，2D NMR 是近代核磁共振波谱学最重要的里程碑，极大地方便了复杂化合物的核磁共振谱图解析和化学结构鉴定。

1.4.1　^{1}H-^{1}H COSY

　　氢-氢化学位移相关谱（chemical shift correlation spectroscopy，^{1}H-^{1}H COSY）是最常用的同核位移相关谱。一般反映的是邻碳氢的耦合关系，从而可知同一自旋体系中质子之间的耦合关系，是归属谱线、推导结构强有力的工具。通常情况下，^{1}H-^{1}H COSY 谱中的偏对角峰或交叉峰表示质子间有自旋耦合；简单地说，交叉峰关联相耦合的质子。以正丁

醇乙酯的 ^{1}H-^{1}H COSY 谱图为例（图 1.44），横轴及纵轴均为该化合物的 ^{1}H NMR 谱。同一个 ^{1}H 核信号将在对角线上相交，交点称为对角峰（diagonal peak）。图上对角线两侧呈对称分布的两个点称为相关峰（cross peak 或 correlation peak）。相互耦合的两个（组）^{1}H 核信号将在相关峰上相交。相关信号意味着直接相连，这是因为仅仅直接相连的碳上的质子在 ^{1}H-^{1}H COSY 谱中有典型的强相关峰。

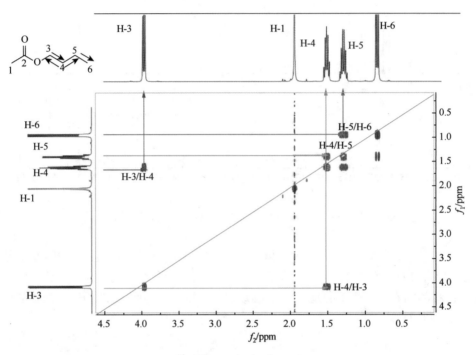

图 1.44　正丁醇乙酯的 ^{1}H-^{1}H COSY 谱图

　　解析图 1.44 的 ^{1}H-^{1}H COSY 谱图时，找到切入点是从谱图中获得有用信息的关键。正丁醇乙酯的结构提供了多个有用的切入点，在此选择 4.03ppm 处的含氧亚甲基切入。如果从对角线开始，直接向右，或直接向顶部追踪（因为谱图是对称的，得到的结果是相同的），可以观察到 1 个相关峰。从这个相关峰出发画垂线，可以找到与之耦合共振信号的化学位移。结合正丁醇乙酯的结构，发现含氧亚甲基与一个亚甲基相连，换句话说，4.03ppm 处的质子与两个质子耦合，这两个质子对应与之相邻的亚甲基。再从这个亚甲基（1.55ppm）出发，继续追踪，得到一个相关峰，与之耦合的质子为 1.35ppm 的亚甲基；而该亚甲基与甲基质子（0.87ppm）也有相关信号。这些相关信号对结构的确认有重要的意义。

1.4.2　HMQC

　　异核多量子相关谱（heteronuclear multiple quantum coherence spectroscopy，HMQC）属检测 ^{1}H 的异核位移相关谱。HMQC 把 ^{1}H 核和与其直接相连的 ^{13}C 核关联起来，对于信号的指定非常有效，目前应用较普遍。一般谱图的一轴为化合物的 ^{1}H NMR 谱，另一

轴为 ¹³C NMR 谱。直接相连的 ¹³C 和 ¹H 信号会在 ¹³C 化学位移和 ¹H 化学位移的交点处出现相关信号。因此，由相关信号分别沿两轴的平行线即可将相连的 ¹³C 及 ¹H 信号予以直接归属。但它只是提供直接相连的 ¹³C 和 ¹H 间相关信号，不能得到有关季碳的结构信息。通过分析正丁醇乙酯的 HMQC 谱图（图 1.45）来熟悉 HMQC 谱的解析。从谱图上看，纵轴表示碳谱，横轴表示氢谱。在这两个轴的对面，可以找到相应的一维谱。这种谱图的解析是非常直观的。以任一个碳为起点，画一条水平线，直至遇到相关信号为止（也可以从氢轴开始，得到的结果完全一致。但在氢轴上常出现重叠，不容易找到切入点，而在碳轴上重叠并不常见，更容易切入）。垂直画另一条线，就可以找到与该碳相关的质子。

　　对碳原子来说，有三种可能的情况。如果从碳的化学位移处所画的线没有任何相关信号，说明此碳原子不与氢相连。如果从碳的化学位移处画出的线只有一个相关信号，说明此碳原子可能与一个、两个或三个质子相连；如果与两个或三个质子相连，说明这些质子的化学位移等价或偶然重叠。如果所画的水平线上有两个相关峰，那么它们是亚甲基上两个非对映异位的质子，可结合 DEPT 实验结果确定其为亚甲基碳。

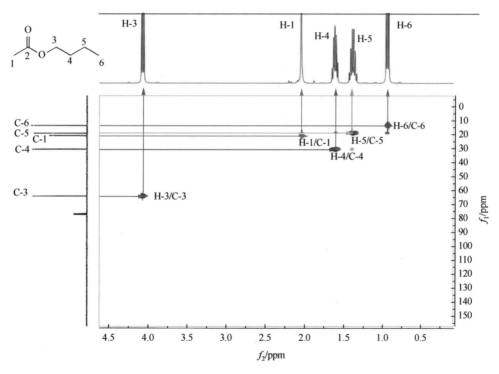

图 1.45　正丁醇乙酯的 HMQC 谱图

　　正丁醇乙酯中有 6 个碳信号，除了最低场碳信号（173.0ppm）无对应质子与之相关外（提示酯键羰基碳的存在），其余各碳均有一个相关信号。该化合物中有三个亚甲基（δ_C 68.0ppm、31.0ppm、20.0ppm）分别对应氢谱中 δ_H 4.03ppm、1.55ppm 和 1.35ppm；两个甲基（δ_C 21.0ppm、13.0ppm）分别与氢谱中 δ_H 2.0ppm 和 0.87ppm 的质子相关。将 HMQC 分析结果与 ¹H-¹H COSY 谱图中的结果进行比较，确认了 COSY 谱的归属，为指认结构奠定了坚实的基础。

1.4.3　HMBC

^{1}H 检测的异核多键相关谱（heteronuclear multiple bond correlation spectroscopy，HMBC）可高灵敏地检测 ^{13}C-^{1}H 远程耦合，由此可以得到有关季碳的结构信息及因杂原子存在而被切断的 ^{1}H 耦合系统之间的结构信息。它同 HMQC 一样也是通过测定灵敏度高的 ^{1}H 核来检测 ^{13}C-^{1}H 之间的远程耦合相关信息，因此灵敏度较高，故对大分子化合物即便用少量样品也可以在较短时间内测得可靠的数据。HMBC 实验利用 C—H 双键和三键的相关信号，为我们提供了极其有用的谱图。由于同时存在 $^2J_{CH}$ 和 $^3J_{CH}$ 的耦合，解析会比较复杂，尤其是当碳杂化态和其他因素影响时，除某些双键（$^2J_{CH}$）或三键（$^3J_{CH}$）相关信号外，偶尔还能观察到四键（$^4J_{CH}$）相关信号。

观察正丁醇乙酯的 HMBC 谱图（图 1.46），与其 HMQC 谱相似，但两者有明显区别：HMBC 谱有更多的相关信号，而一键相关信号（HMQC）则丢失。对正丁醇乙酯的解析很简单，无论是从碳还是从氢的共振信号出发，都能得到相同的结果。此处以碳轴为起点，因为碳的化学位移很少重叠，但是要首先注意排除假信号：强质子旁的卫星峰。如果追踪平行于氢轴且在碳轴上位于 13.0ppm、20.0ppm、21.0ppm、31.0ppm 和 68.0ppm 处的峰，发现分别在与 0.87ppm、1.35ppm、2.0ppm、1.55ppm 和 4.03ppm（质子）交叉点的两边有两个信号较弱的交叉峰，而这些交叉峰与氢轴上任何一个质子都不在一条线上。它们是 C—H 一键偶联的 ^{13}C 卫星峰，应该被忽略。追踪 13.0ppm 处的碳信号，画平行于氢轴的平行线，

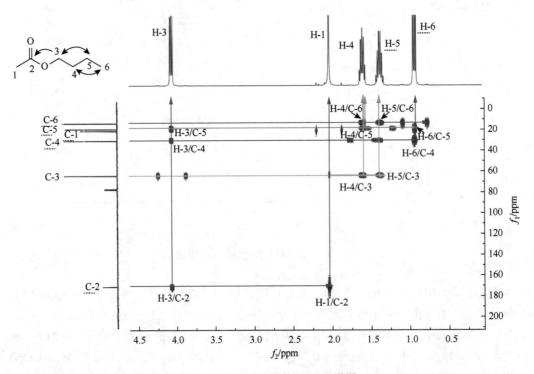

图 1.46　正丁醇乙酯的 HMBC 谱图

得到两个相关信号（1.35ppm 和 1.55ppm 的两个亚甲基），分别为双键耦合和三键耦合。另外，以 20.0ppm 处的碳为起始点（C-5 亚甲基），发现它与 4.03ppm（亚甲基）和 0.87ppm（甲基）及 1.55ppm（亚甲基）处有相关信号，分别为三键耦合和双键耦合。再从 21.0ppm（C-1 甲基）处追踪，未得到相关信号。同样，C-4 相连的亚甲基通过亚甲基质子（4.03ppm 和 1.35ppm）及甲基质子（0.87ppm）与之有相关信号；C-3 相连的亚甲基通过 1.55ppm 和 1.35ppm 处的质子与之有相关信号；173.0ppm 的 C-2 则与 2.0ppm 处的甲基信号相关。由于 C-2 是季碳原子，HMBC 实验使我们能够"穿过"分子中这样常见的"绝缘"点。

1.4.4　NOESY

相干转移是由交叉弛豫和非各向同性的样品核间的偶极-偶极耦合传递的，即借助交叉弛豫完成磁化传递而进行的二维实验称为二维核欧沃豪斯效应谱（two dimensional nuclear Overhauser effect spectroscopy，NOESY），简称二维 NOE 谱。NOE 是一种跨越空间的效应，是不等价核偶极矩之间的相互作用，它与磁性核之间的空间距离有关，当质子之间的空间距离＜4 Å 时便能观察到。因此，利用 NOESY 可研究分子内部质子之间的空间距离，分析构型、构象，NOESY 可同时在一张谱图上描述分子内部各质子之间的空间关系。NOESY 谱图特征类似于 COSY 谱图，在化学交换位置上，两个化学位移之间出现交叉峰，NOE 使得一个核的 Z 磁化矢量变化而导致另一核的 Z 磁化矢量变化，一维谱中出现 NOE 的两个核在二维谱中显示交叉峰。NOESY 的灵敏度低，做实验时需要花费较长时间。由于小分子快速运动易产生 NOE，大分子或降低温度可得到负 NOE，可在 NOESY 谱中得到 NOE 交叉峰。因此，NOESY 技术多应用于大分子如较小的蛋白质和寡肽的氨基酸序列测定，以及寡糖和糖配体中糖基连接顺序和连接位置的测定。

1.4.5　ROESY

旋转坐标系的欧沃豪斯增强谱（rotating frame nuclear Overhauser-enhancement spectroscopy，ROESY）是采用一个弱自旋锁场，在旋转坐标系中产生交叉弛豫 NOE 得到的谱图。它仍然属 NOE 类的二维核磁共振谱，以二维方式检测 NOE，显示 ^{1}H 核之间的 NOE 相关，主要用来确定两个质子在分子立体空间结构中距离是否相近。若存在相关则表示两者接近，相关的 NOE 值越大，则两者在空间的距离就越近，其对确定有机化合物的结构、构型和构象具有重要作用。与 NOESY 相比，二者的交叉峰都取决于相关自旋间的交叉弛豫，但 NOESY 是纵向交叉弛豫，而 ROESY 是横向交叉弛豫。NOESY 对分子量大和小的两种极端的分子体系灵敏度都很大，但有些中等分子（分子量 300～1500）或某些特殊形状的分子和金属有机络合物等有时较难产生 NOE，因而在 NOESY 中不易得到 NOE 交叉峰，而都会出现 ROESY 峰。因此，ROESY 特别适宜观察中等分子中的交叉弛豫作用。

因为 ROESY 表示质子与质子的空间相互作用，其形貌和表达方式与 COSY 相似。事实上，COSY 中的相关信号在 ROESY 谱中也会出现，这些 COSY 峰是多余的，可以忽略。

4-羟基荷包牡丹碱的 ROESY 谱图如图 1.47 所示。4-羟基荷包牡丹碱是一种阿朴啡生物碱，结构中四个环稠合，其中有两个苯环。结合其分子量，推测该化合物由(R)-荷包牡丹碱的 C-4、C-5 或 C-7 羟基化后得到。由 NOESY 谱图中 H-4（δ4.91ppm）与 H-5（δ3.28ppm，2.32ppm）及 H-8（δ6.71ppm）与 H-7（δ3.01ppm）的相关可证明其为 4-羟基化产物。

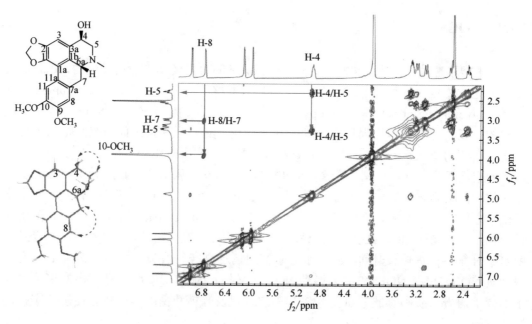

图 1.47　4-羟基荷包牡丹碱的 ROESY 谱图

1.4.6　二维核磁共振谱的解析

以 COSY 为核心推导未知物结构，这是目前应用最多也是发展最成熟的方法。二维核磁共振谱一般解析程序如下：

（1）确定未知物中所含碳氢官能团。结合氢谱、碳谱、DEPT 谱、^{1}H COSY 谱、^{13}C COSY 谱或 HMQC 谱可以知道未知物中所含的所有碳氢官能团及它们在何处出峰，以及 C 与 H 的直接相连方式。

（2）确定未知物中各耦合体系。由于 ^{1}H-^{1}H COSY 谱可反映所有邻碳氢的耦合关系，因而从 ^{1}H-^{1}H COSY 谱的交叉峰可以把耦合关系一个个找出来。即从耦合体系的一起点开始，依次找到邻碳氢，直至最后一个邻碳氢。耦合体系终止于季碳或杂原子。

（3）确定未知物中季碳原子的连接关系。季碳原子上不直接连氢，因此 ^{1}H-^{1}H COSY 谱上没有与其对应的交叉峰。要把季碳原子和其他耦合体系连接起来需要 HMBC 谱。

（4）确定未知物中的杂原子，并完成它们的连接。根据化合物碳谱和氢谱的数据有可能确定杂原子的存在形式，如—C≡N、—C≡C—、—OH、—OCH₃等。从 δ_C 值、δ_H 值可判断碳氢官能团与杂原子的连接关系。另外，从 C-H 远程相关谱（如 HMBC）可确定杂原子与碳氢官能团之间的连接，因碳-氢长程耦合可跨过杂原子。

（5）构型、构象的确定。可以通过 NOESY 谱和 ROESY 谱来确定某些官能团的构型或构象。

（6）通过对谱图的指认来核实结构。综合上述谱图，完成相关峰的指认，以核实化合物结构。

1.5　三维核磁共振谱和医用核磁共振

从常规的（一维）核磁共振谱发展到二维核磁共振谱之后，核磁共振谱学方法的效能有了飞跃性的进展，在推导有机化合物结构方面形成了新的、更客观、更可靠的方法。综合利用 COSY 和 NOESY，可对蛋白质分子氨基酸残基的序列做出准确指认，并得到该分子在溶液中的二级结构信息，但这样的方法对蛋白质分子量有限制：其氨基酸残基数需小于 80～90。当蛋白质分子氨基酸残基增多时，谱峰的数目相应增多，而且谱峰加宽，这使得谱峰之间相互重叠的可能性大大增加，该方法的难度和限制性就更加明显。为此，存在两条途径：一是提高核磁共振波谱仪的频率（即磁场强度），以提高谱图的分辨率。目前 300～800MHz 的高功率核磁共振波谱仪已经被广泛使用，分辨率更高的核磁共振仪（1000MHz、1GHz、1.1GHz、1.2GHz）正在研发中。二是增加频率变量。例如，再增加一维频率变量，谱峰将从二维平面延伸到三维立体空间，从而大大减少了谱峰重叠的可能性，比提高谱图的分辨率更为有效，因此三维核磁共振谱是二维核磁共振谱的延伸[1, 13]。

三维核磁共振谱分为同核和异核两大类。同核三维核磁共振谱以氢核为对象，有 3D NOESY-NOESY、3D TOCSY-NOESY、3D TOCSY-TOCSY 等。异核三维核磁共振谱的应用大大超过同核三维核磁共振，因为异核（¹³C、¹⁵N）的 δ 值有宽广的分布，因而能充分地发挥三维核磁共振谱的效能。异核还必须和氢核相联系，因而异核三维核磁共振谱包含 HMQC 或 HSQC，如 HSQC-TOCSY、HSQC-NOESY 等。

目前三维核磁共振谱在化合物结构鉴定方面主要用于生物分子的序列指认，同时也能得到其他信息，如蛋白质分子在溶液中的二级结构。而从鉴定有机化合物结构来看，二维核磁共振谱已经满足需要。

另外，磁共振成像（magnetic resonance imaging，MRI）技术在医学临床诊疗过程中发挥巨大作用。磁共振成像的原理是将患者放置在某一特定的磁场中，使用点射频脉冲将患者体内氢原子核激发，使得氢原子核发生共振现象，同时吸收对应能量。当停止射频信号之后，氢原子核以某一频率放射出电信号，同时把被吸收的能量全部释放，这些能量能够被体外的接收器发现，经计算机的信号采集得到图像。该技术是一种多序列、多参数的成像技术。其优点在于具有比较小的辐射、比较高的分辨率并且可以获取多参数信息以及立体成像等，所以磁共振成像技术在诊断疾病方面具有比较大的优势和潜力。

　　在现有二维核磁成像的基础上，利用可视化技术对医学图像进行分析和处理，如对人体器官、软组织和病灶的分割提取、三维重建和三维显示（体绘制），将人体的各个器官以及病变部位还原为三维立体形态并显示出来，使医师对病灶以及其他感兴趣区域的解剖有一个准确全面的了解；通过着色、放大、缩小、旋转、切割、测量等手段，可以在任意方向上用多个剖面的图像来突出显示病变区域的情况，辅助医师对病灶以及其他感兴趣区域进行定性直至准确的定量分析测量。三维磁共振成像所带来的效果尤其明显，可以大大提高医疗诊断的准确性和正确性，为医师制订治疗方案提供有力的依据。因此，采用可视化技术的三维核磁共振图像处理系统在科学研究、医学教学、医疗诊断、手术规划与仿真、引导治疗等方面有着十分广阔的应用前景。

第 2 章　简单酚类化合物核磁共振图解实例

2.1　酚类化合物的核磁特征

酚是芳香烃环上的氢被羟基取代后的一类芳香化合物，如苯酚、丁香酚等。酚类化合物 NMR 谱图一般有以下特征：

（1）苯环取代类型可根据 ^{1}H NMR 的耦合常数和 ^{13}C NMR 的低场区进行判断。^{1}H NMR 的耦合常数是苯环取代类型判断的重要依据：苯环中 ^3J 约为 8.0Hz，^4J 约为 2.0Hz，^5J 约为 0.2Hz，苯环氢信号可能出现 s、d、dd、ddd 等峰形。苯环上基团取代位置可根据峰形和耦合常数进行推断。

（2）苯环上一般都有 OH 取代，羟基取代的苯环碳在 ^{13}C NMR 谱的化学位移位于 145～160ppm，单羟基取代时大于 150ppm，邻二羟基取代时，两个取代碳的化学位移一般均在 145ppm 左右。

（3）多个苯环通过乙基或乙烯基可形成芪类化合物或联苄类化合物。

2.2　核磁共振图解实例

2.2.1　3,4-二羟基苯乙醇

简单酚类化合物的解析比较容易，主要根据苯环的取代关系进行解析。以 3,4-二羟基苯乙醇（**B-1**）为例进行解析。

从 **B-1** 的 ^{1}H NMR 谱图（图 2.1）可推断该化合物是在 MeOD 中进行测试得到，δ_{H} 4.91 ppm 为水峰。从谱图中可以看出 **B-1** 含有 3 个芳香氢，推测可能为三取代苯环。进一步对 H-6 的耦合常数 δ_{H} 6.52 ppm（1H，dd，$J = 8.0$Hz，2.0Hz）进行分析可知该化合物是 1,3,4-三取代苯环。进一步分析剩余的两组氢 δ_{H} 3.68 ppm（2H，t，$J = 7.2$ Hz）和 δ_{H} 2.66 ppm（2H，t，$J = 7.2$Hz），两组氢互相耦合（耦合常数相等），说明可能是连接在一起的两组亚甲基。

从 **B-1** 的 ^{13}C NMR 和 DEPT 谱图（图 2.2）中低场区可以看到 3 个 CH 和 3 个季碳，为三取代苯环信号，与 ^{1}H NMR 一致。两个季碳出现在 145 ppm 附近说明这两个季碳为氧取代且位于邻位。同时可以看到两组亚甲基信号（δ_{C} 64.5 ppm, t; 39.5 ppm, t），结合 ^{1}H NMR 的耦合关系确定两个亚甲基连接在一起，并且一端接氧（羟基），另一端接苯环，取代在苯环 δ_{C} 131.8 ppm 处。因此，确定 **B-1** 的结构为 3,4-二羟基苯乙醇。**B-1** 的 NMR 数据归属如表 2.1 所示。

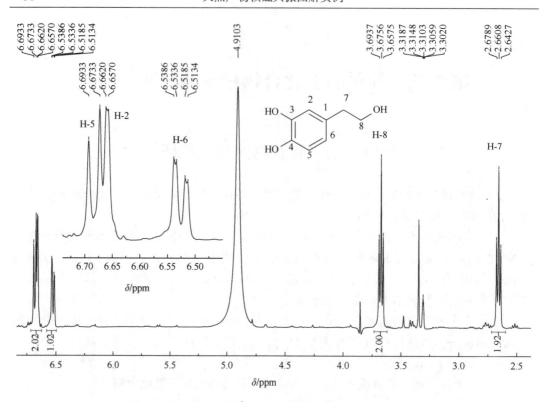

图 2.1　化合物 **B-1** 的 ^{1}H NMR 谱图（400MHz，MeOD）

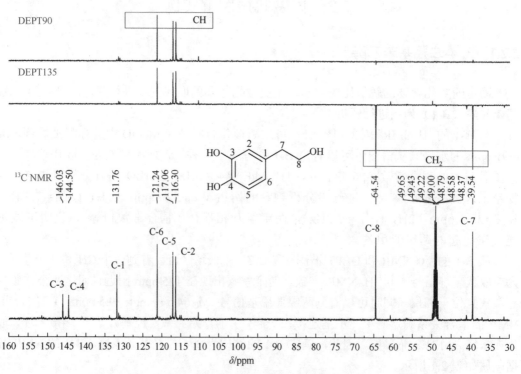

图 2.2　化合物 **B-1** 的 ^{13}C NMR 和 DEPT 谱图（100MHz，MeOD）

表 2.1　化合物 B-1 的 ^{1}H NMR（400 MHz）和 ^{13}C NMR（100 MHz）数据（MeOD）

序号	δ_C/ppm	δ_H/ppm（J/Hz）
1	131.8（s）	—
2	116.3（d）	6.66（1H, d, 2.0）
3	146.0（s）	—
4	144.5（s）	—
5	117.1（d）	6.68（1H, d, 8.0）
6	121.2（d）	6.52（1H, dd, 8.0, 2.0）
7	39.5（t）	2.66（2H, t, 7.2）
8	64.5（t）	3.68（2H, t, 7.2）

2.2.2　2-羟基-α, α, 1-三甲基苄甲醚[14]

2-羟基-α, α, 1-三甲基苄甲醚（**B-2**）的 ^{1}H NMR 谱图如图 2.3 所示，从中可以看到 **B-2** 含有 3 个芳香氢，为三取代苯环结构。通过芳香氢的耦合常数 δ_H 7.01ppm（1H, d, J= 8.0Hz）、δ_H 6.81ppm（1H, d, J=1.6Hz）、δ_H 6.75ppm（1H, dd, J=8.0Hz, 1.6Hz），确定苯环为 1, 3, 4-三取代苯环。分析高场部分，可以看到 4 个甲基信号，分别为 δ_H 3.03ppm、2.16ppm、1.47ppm（×2），其中 δ_H 3.03ppm（3H, s）可能为甲氧基信号，δ_H 2.16ppm（3H, s）可能为连接在苯环上的甲基信号。

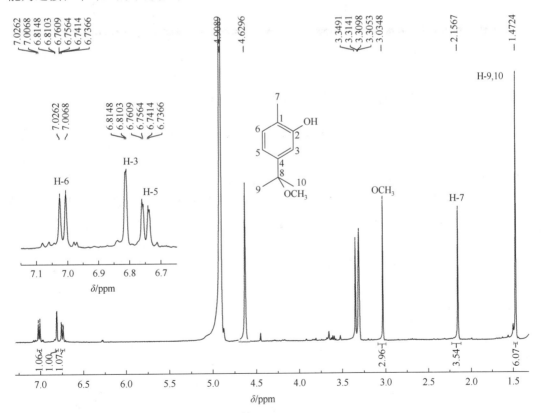

图 2.3　化合物 **B-2** 的 ^{1}H NMR 谱图（400MHz, MeOD）

进一步分析化合物 **B-2** 的 ^{13}C NMR 和 DEPT 谱图（图 2.4）。低场信号区显示 3 个 CH 和 3 个 C，为三取代苯环结构，δ_{C} 156.4ppm（s）苯环其中一个取代为羟基（或甲氧基），另外两个取代可能为烷基取代，δ_{C} 78.2ppm（s）为氧取代的季碳。

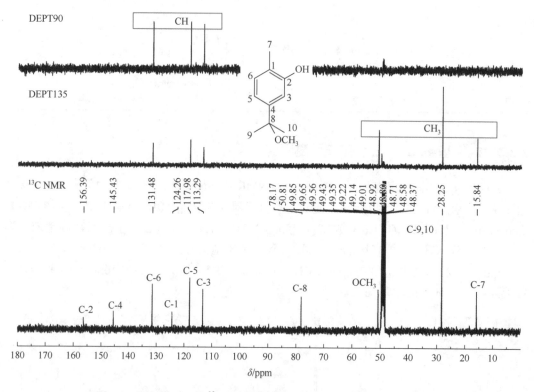

图 2.4　化合物 **B-2** 的 ^{13}C NMR 和 DEPT 谱图（100MHz，MeOD）

为进一步确定 **B-2** 的取代基和取代位置，进行了 HSQC 和 HMBC 实验。HSQC 谱图（图 2.5）展示了 H 和 C 的对应关系。HMBC 谱图（图 2.6）中，δ_{H} 2.16ppm 与 δ_{C} 124.3ppm 和 δ_{C} 131.5ppm 存在相关说明 δ_{H} 2.16ppm 的甲基（H-7）连接在 δ_{C} 124.3ppm（C-1）处。δ_{H} 1.47ppm（6H，s）与 δ_{C} 28.2ppm、78.2ppm、145.4ppm 的相关说明 2-氧取代异丙基片段的存在且异丙基连接在 δ_{C} 145.4ppm（C-4）处。δ_{H} 3.03ppm 与 δ_{C} 78.2ppm 的 HMBC 相关说明甲氧基取代在异丙基上。因此，确定 **B-2** 的化学结构为 2-羟基-α, α,1-三甲基苄甲醚，并对其 NMR 数据进行了详细的归属（表 2.2）。

2.2.3　丹皮酚

丹皮酚（**B-3**）的 ^{1}H NMR 谱图如图 2.7 所示。低场区显示三个芳香氢信号存在。分析它们的峰形和耦合常数 δ_{H} 7.77ppm（1H，d，J = 8.8Hz）、6.48ppm（1H，dd，J = 8.8，2.4Hz）、6.41ppm（1H，d，J = 2.4Hz），说明为 1,3,4-三取代苯环存在。高场区显示两个甲基信号 δ_{H} 3.83ppm（3H，s）和 2.54ppm（3H，s），δ_{H} 3.83ppm（3H，s）可能为甲氧基，δ_{H} 2.54ppm（3H，s）可能连接在 C=O 和 N 上。

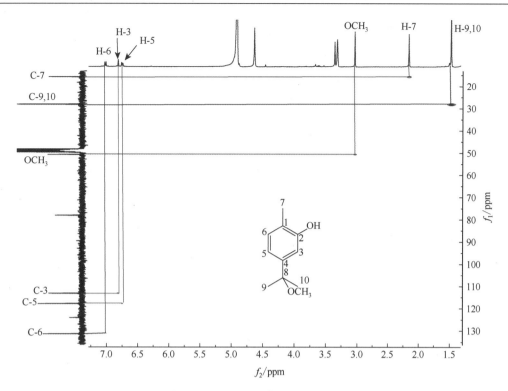

图 2.5　化合物 **B-2** 的 HSQC 谱图（400MHz，MeOD）

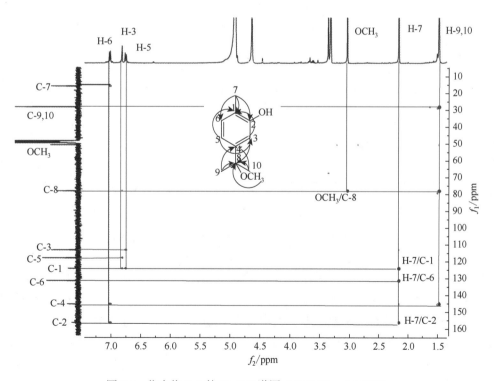

图 2.6　化合物 **B-2** 的 HMBC 谱图（400MHz，MeOD）

表 2.2　化合物 B-2 的 ^{1}H NMR（400MHz）和 ^{13}C NMR（100MHz）数据（MeOD）

序号	δ_C/ppm	δ_H/ppm（J/Hz）	序号	δ_C/ppm	δ_H/ppm（J/Hz）
1	124.3（s）	—	6	131.5（d）	7.01（1H, d, 8.0）
2	156.4（s）	—	7	15.8（q）	2.16（3H, s）
3	113.3（d）	6.81（1H, d, 1.6）	8	78.2（s）	—
4	145.4（s）	—	9, 10	28.2（q）	1.47（6H, s）
5	118.0（d）	6.75（1H, dd, 8.0, 1.6）	OCH$_3$	50.8（q）	3.03（3H, s）

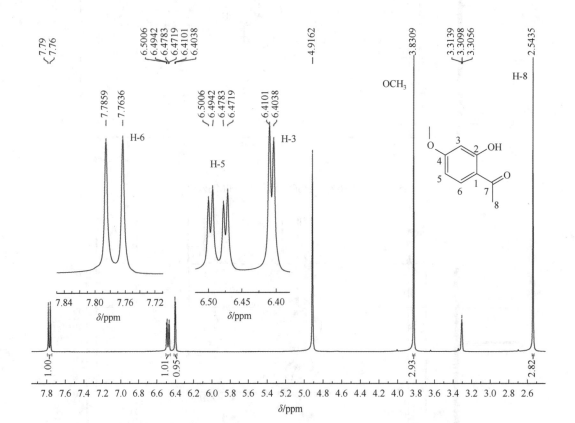

图 2.7　化合物 **B-3** 的 ^{1}H NMR 谱图（400MHz，MeOD）

　　分析化合物 **B-3** 的 ^{13}C NMR 和 DEPT 谱图，如图 2.8 所示，化合物一共含有 9 个碳，结合 DEPT 谱显示 3 个 CH、2 个 CH$_3$ 和 4 个季碳。低场区 δ 204.5ppm 为 C═O 信号。低场区剩余 6 个碳，包括 3 个季碳和 3 个 CH，为三取代苯环结构。δ_C 167.7ppm 和 166.2ppm 为羟基或烷氧基取代的苯环季碳，说明苯环其中两个取代基为羟基或烷氧基。δ_C 56.1ppm 为 OCH$_3$ 碳信号。δ_C 26.4ppm 为连接于 C═O 的甲基。至此，推测苯环的 3 个取代基分别为羟基、甲氧基和乙酰基。

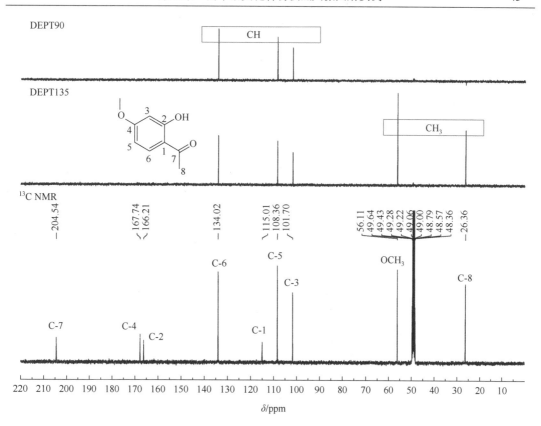

图 2.8　化合物 **B-3** 的 ^{13}C NMR 和 DEPT 谱图（100MHz，MeOD）

进一步采用 HSQC 和 HMBC 对三个取代基的位置进行准确确定。通过 HSQC 谱图（图 2.9）确定了化合物中 C 和 H 的对应关系。HMBC 谱图（图 2.10）H-8 与 C-7的相关验证了甲酰基的存在，H-8 与 C-1 的 HMBC 相关说明甲氧基连接在 C-1 处，OCH₃与 C-4 的相关说明 OCH₃ 连接在 C-4 处，羟基连接在 C-2 位。因此化合物 **B-3** 鉴定为2-羟基-3-甲氧基苯乙酮，即丹皮酚。根据 1D/2D NMR 对 ^{1}H NMR 和 ^{13}C NMR 数据进行了归属（表 2.3）。

2.2.4　没食子酸

没食子酸（**B-4**）的分子式为 $C_7H_6O_5$，不饱和度为 5，可能含有一个苯环和一个C=O。从 ^{1}H NMR 谱图（图 2.11）中观察到有四组信号，分别为 δ_H 12.26ppm（1H，br s）、9.22ppm（2H，br s）、8.87ppm（1H，br s）和 6.91ppm（2H，br s），其中 δ_H 12.26ppm（1H，br s）、9.22ppm（2H，br s）、8.87ppm（1H，br s）三组信号重水交换后消失，说明这些信号为活泼氢信号，δ_H 12.26ppm（1H，br s）为 COOH，δ_H 9.22ppm（2H，br s）和 8.87ppm（1H，br s）为羟基。

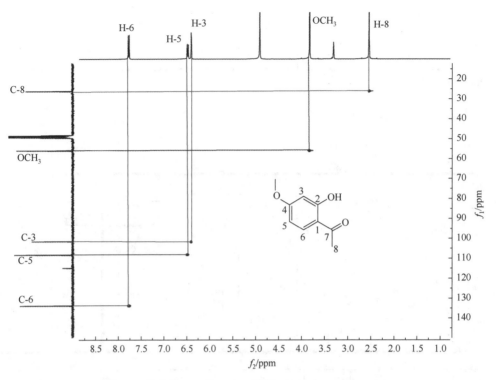

图 2.9　化合物 **B-3** 的 HSQC 谱图（400MHz，MeOD）

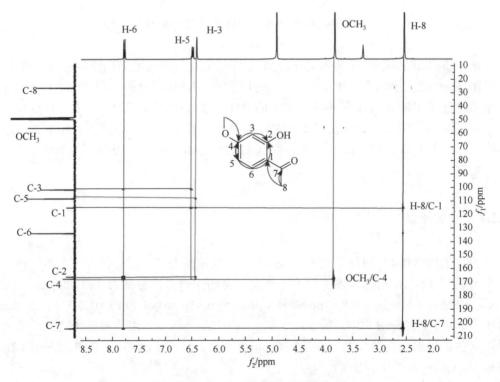

图 2.10　化合物 **B-3** 的 HMBC 谱图（400MHz，MeOD）

表 2.3　化合物 B-3 的 ^{1}H NMR（400MHz）和 ^{13}C NMR（100MHz）数据（MeOD）

序号	δ_C/ppm	δ_H/ppm（J/Hz）
1	115.0（s）	—
2	166.2（s）	—
3	101.7（d）	6.41（1H, d, 2.4）
4	167.7（s）	—
5	108.4（d）	6.48（1H, dd, 8.8, 2.4）
6	134.0（d）	7.77（1H, d, 8.8）
7	204.5（s）	—
8	26.4（q）	2.54（3H, s）
OCH$_3$	56.1（q）	3.83（3H, s）

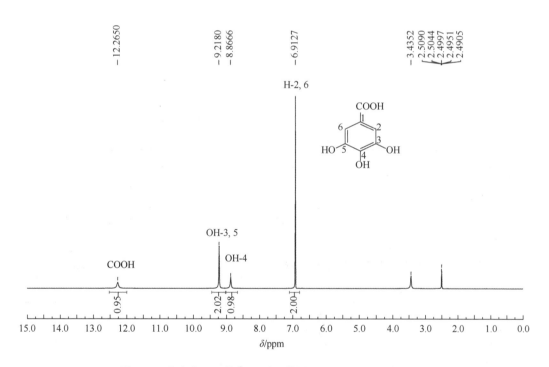

图 2.11　化合物 **B-4** 的 ^{1}H NMR 谱图（400MHz，DMSO-d_6）

分析 ^{13}C NMR 和 DEPT 谱图（图 2.12）共有五组碳信号，其中 δ_C 167.6ppm 为 COOH。结合分子式推测具有对称四取代苯环结构，且取代基为 COOH 和 3 个羟基。根据取代位置关系，其中 1 个羟基取代于 C-4 位，其余 2 个羟基取代于 C-2, 6 或 C-3, 5。两种结构电子云转移不同，^{13}C NMR 中显示的化学位移不同。C-2, 6, 4 羟基取代时，受羟基和 C=O 的去屏蔽作用，C-2, 6, 4 的 ^{13}C 化学位移应大于 150ppm；C-3, 4, 5 羟基取代时，同时受多羟基的屏蔽去屏蔽效应影响，C-3, 5 ^{13}C 化学位移大约为 145ppm，C-4 的 ^{13}C 化学位移应小于 145ppm。根据 δ_C 145.5ppm、138.1ppm 确定 3 个羟基分别取代在 C-3, 4, 5 位。因此鉴定 B-4 为 3, 4, 5-三羟基苯甲酸，即没食子酸，NMR 数据归属如表 2.4 所示。

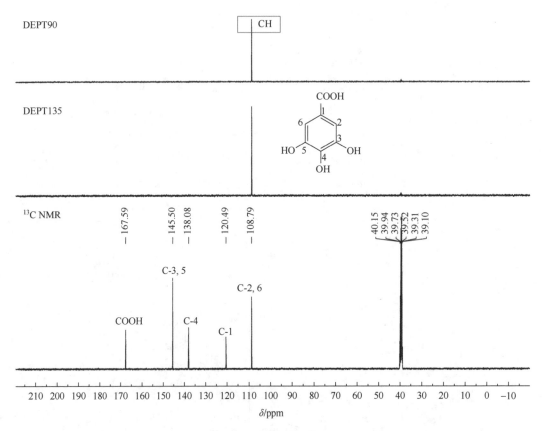

图 2.12　化合物 B-4 的 ^{13}C NMR 和 DEPT 谱图（100MHz，DMSO-d_6）

表 2.4　化合物 B-4 的 ^{1}H NMR（400 MHz）和 ^{13}C NMR（100 MHz）数据（DMSO-d_6）

序号	δ_C/ppm	δ_H/ppm（J/Hz）	序号	δ_C/ppm	δ_H/ppm（J/Hz）
1	120.5（s）	—	COOH	167.6（s）	12.26（1H，br s）
2, 6	108.8（d）	6.91（2H，s）	OH-3, 5	—	9.22（2H，br s）
3, 5	145.5（s）	—	OH-4	—	8.87（1H，br s）
4	138.1（s）	—			

2.2.5　丁香醛

丁香醛（B-5）的分子式为 $C_9H_{10}O_4$，不饱和度为 5，可能含有苯环和一个 C＝O 或双键。分析 ¹H NMR 谱图（图2.13），共有四组信号峰。δ_H 9.80ppm（1H，s）说明分子中含有 1 个醛基；δ_H 7.13ppm（2H，s）为芳香氢信号；δ_H 6.19ppm（1H，br s）重水交换后消失，为活泼氢信号；δ_H 3.95ppm（6H，s）为 2 个甲氧基信号。结合分子式，活泼氢来源于羟基。因此，该化合物可能为四取代苯环，取代基为 2 个甲氧基、1 个羟基和 1 个醛基。

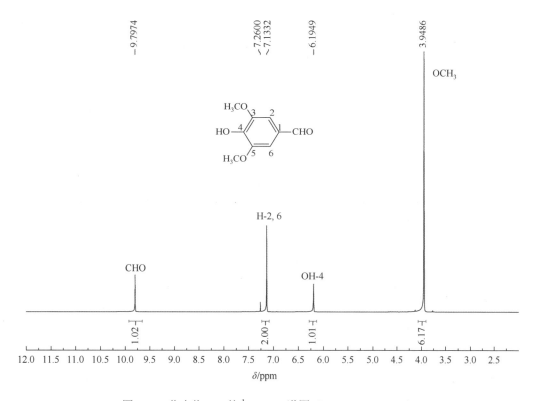

图 2.13   化合物 B-5 的 ¹H NMR 谱图（400MHz，CDCl₃）

进一步分析 ¹³C NMR 和 DEPT 谱图（图2.14），显示有六组碳信号：δ_C 191.0ppm 为醛基信号；δ_C 56.5ppm 为甲氧基。此外，低场区还有四组信号，说明苯环结构为对称取代。δ_C 106.7ppm 说明苯环为 2,6-二取代或 3,5-二取代。类似于没食子酸结构，δ_C 147.4ppm、140.9ppm 说明苯环为 3,4,5-氧取代结构，即 C-3,5 甲氧基取代，C-4 羟基取代。

为进一步确证取代位置，通过 HMBC（图2.15）和 ROESY（图2.16）实验对化合物的结构进行确证。CHO 与 C-2,6 和 C-1 存在 HMBC 相关，确定 CHO 连接在 C-1 位；OCH₃ 与 C-3,5 的 HMBC 相关说明 2 个甲氧基连接在 C-3,5 位。ROESY 谱中 H-2,6 与 CHO 和 OCH₃ 存在相关进一步确证了这些基团的取代位置。因此，化合物 B-5 鉴定为 4-羟基-3,5-二甲氧基苯甲醛，即丁香醛。其 NMR 数据归属如表 2.5 所示。

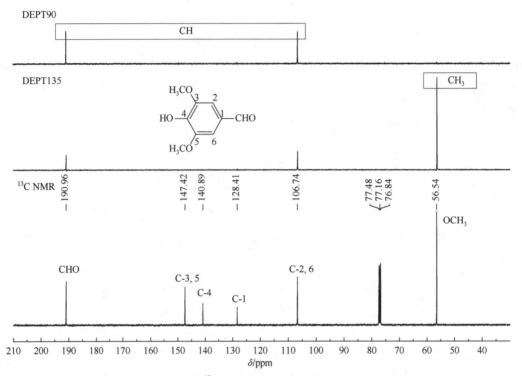

图 2.14　化合物 **B-5** 的 ^{13}C NMR 和 DEPT 谱图（100MHz，CDCl$_3$）

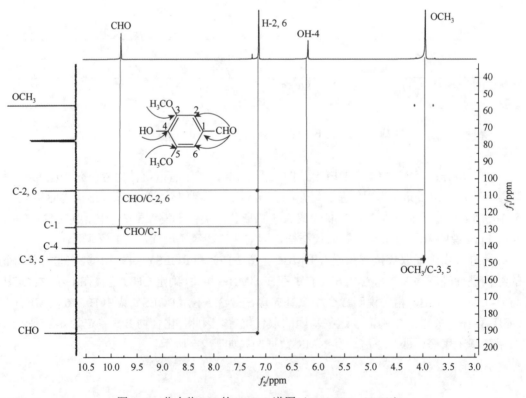

图 2.15　化合物 **B-5** 的 HMBC 谱图（400MHz，CDCl$_3$）

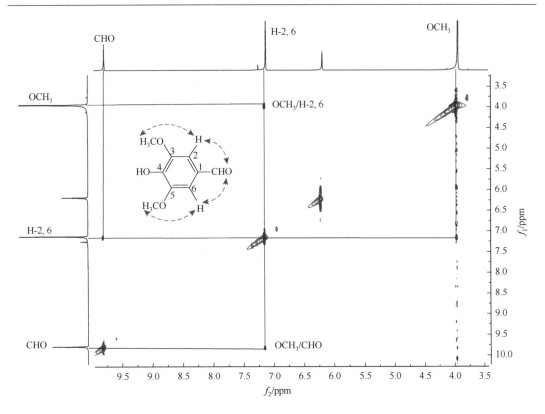

图 2.16　化合物 **B-5** 的 ROESY 谱图（400MHz，CDCl$_3$）

表 2.5　化合物 B-5 的 ^{1}H NMR（400MHz）和 ^{13}C NMR（100MHz）数据（CDCl$_3$）

序号	δ_C/ppm	δ_H/ppm（J/Hz）
1	128.4（s）	—
2, 6	106.7（d）	7.13（2H，s）
3, 5	147.4（s）	—
4	140.9（s）	—
CHO	191.0（d）	9.80（1H，s）
OCH$_3$	56.5（q）	3.95（6H，s）
OH-4	—	6.19（1H，br s）

2.2.6　弯孢霉菌素[15]

　　弯孢霉菌素（**B-6**）的分子式为 C$_{16}$H$_{20}$O$_5$，不饱和度为 7，可能含有一个苯环和多个双键、三键、羰基或环状结构。^{1}H NMR 谱图如图 2.17 所示，从低场区中可以看出具有 2 个芳香氢，δ_H 6.27ppm（1H，d，J = 2.4Hz）和 6.23ppm（1H，d，J = 2.4Hz），推测存在一个 1, 3, 5, 6-四取代苯环。此外，^{1}H NMR 显示还有 δ_H 4.91pm（1H，m）、3.86ppm（1H，d，J = 15.6Hz）、3.63ppm（1H，d，J = 15.6Hz）、3.18ppm（1H，ddd，J = 15.2Hz，8.8Hz，2.4Hz）、2.74ppm（1H，ddd，J = 15.2Hz，8.8Hz，2.4Hz）、1.25~1.74ppm（8H，m）和 1.11ppm（3H，d，J = 6.4Hz）等氢信号。δ_H 1.11ppm（3H，d，J = 6.4Hz）为与烷基相连的甲基。

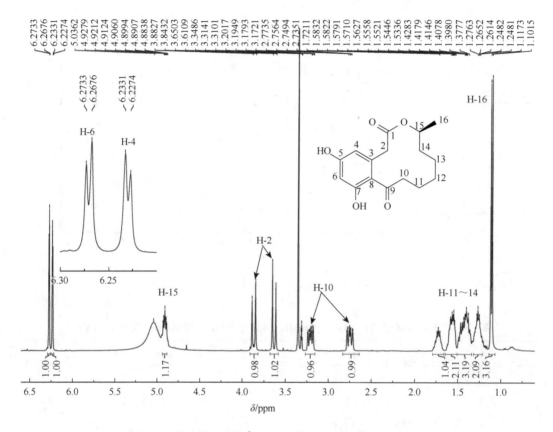

图 2.17　化合物 **B-6** 的 ^{1}H NMR 谱图（400MHz，MeOD）

^{13}C NMR 和 DEPT 谱如图 2.18 所示，一共有 16 个碳信号，包括 3 个 CH、1 个 CH$_3$、6 个 CH$_2$ 和 6 个季碳。δ_C 209.8ppm 为酮羰基信号，δ_C 172.8ppm 为酯基信号。此外，低场区还有 6 个信号，2 个 CH 和 4 个季碳，为四取代苯环，δ_C 161.1ppm 和 159.4ppm 说明其中两个基团为羟基或烷氧基。δ_C 73.8ppm 为与氧相连的 CH 信号，δ_C 44.6ppm 和 40.5ppm 可能为与羰基相连的 CH$_2$，δ_C 32.9~23.8ppm 可能是 4 个相连的 CH$_2$，δ_C 20.4ppm 为甲基信号。

为确定化合物 **B-6** 的确切结构，进一步分析了其 ^{1}H-^{1}H COSY、HSQC、HMBC 和 ROESY 谱图。如图 2.19 所示，H-16 与 H-15、H-15 与 H-14 存在 ^{1}H-^{1}H COSY 相关，说明了 C(14)-C(15)-C(16)的连接方式。H-10 与 H-11、H-12 与 H-11 的 ^{1}H-^{1}H COSY 相关说明了 C(10)-C(11)-C(12)的连接。

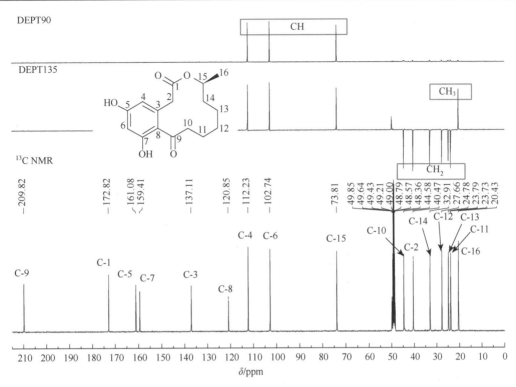

图 2.18　化合物 **B-6** 的 ^{13}C NMR 和 DEPT 谱图（100MHz，MeOD）

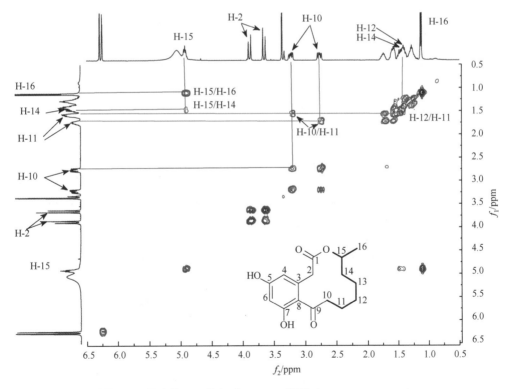

图 2.19　化合物 **B-6** 的 ^{1}H-^{1}H COSY 谱图（400MHz，MeOD）

通过 HSQC 谱图（图 2.20）确定了 C 与 H 的连接关系。分析 HMBC 谱图（图 2.21），H-2 与 C-1 存在明显的相关说明 C-2 与酯羰基相连，同时 H-2 与 C-3、C-4 存在相关说明 C-2 连接在苯环上，即 C-3 位；ROESY 谱图（图 2.22）中 H-2 与 H-4 的相关进一步证实了该连接方式。H-4 与 C-5、C-6 和 C-8，H-6 与 C-5 和 C-7 存在 HMBC 相关确定了 C-5 和 C-7 位羟基或者烷氧基取代。H-10 与 C-9、C-11 和 C-12 的相关显示 C(9)-C(10)-(11)的连接，结合 ^{13}C NMR 中 C-8 的化学位移，C-9 连接在 C-8 位。H-15 与 C-16、C-14 和 C-13 的相关说明了 C(16)-C(15)-C(14)-C(13)的连接关系。H-15 与 C-1 的 HMBC 相关说明 C-15 与 C-1 通过酯基连接。因此，该化合物存在十二元大环内酯结构。结合分子式，C-5 和 C-7 为羟基取代，鉴定化合物 **B-6** 为弯孢霉菌素。根据 1D/2D NMR 归属 ^{1}H NMR 和 ^{13}C NMR 数据如表 2.6 所示。

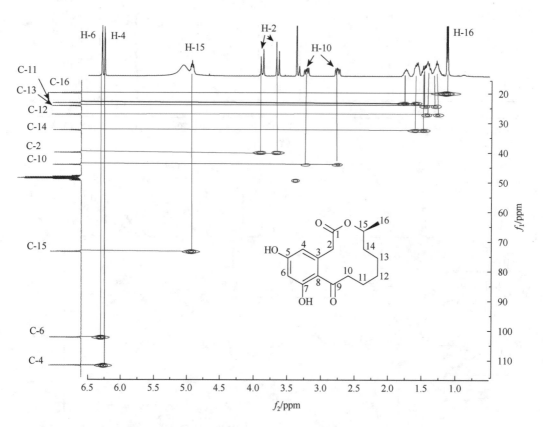

图 2.20　化合物 **B-6** 的 HSQC 谱图（400MHz，MeOD）

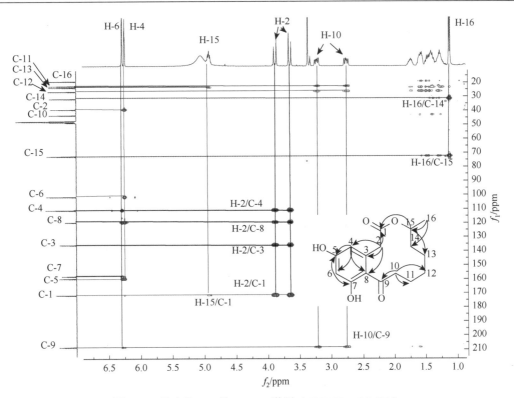

图 2.21　化合物 **B-6** 的 HMBC 谱图（400MHz，MeOD）

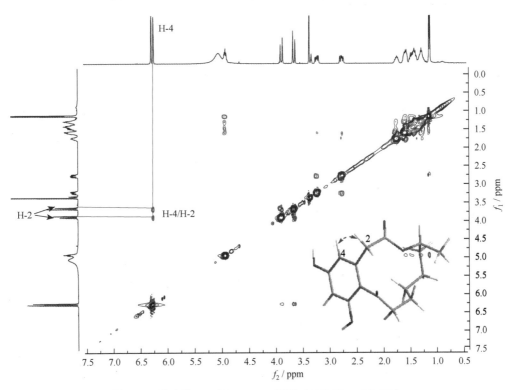

图 2.22　化合物 **B-6** 的 ROESY 谱图（400MHz，MeOD）

表 2.6　化合物 B-6 的 ^{1}H NMR（400MHz）和 ^{13}C NMR（100MHz）数据（MeOD）

序号	δ_C/ppm	δ_H/ppm（J/Hz）
1	172.8（s）	—
2	40.5（t）	3.86（1H，d，15.6） 3.63（1H，d，15.6）
3	137.1（s）	—
4	112.2（d）	6.23（1H，d，2.4）
5	161.1（s）	—
6	102.7（d）	6.27（1H，d，2.4）
7	159.4（s）	—
8	120.8（s）	—
9	209.8（s）	—
10	44.6（t）	3.18（1H，ddd，15.2，8.8，2.4） 2.74（1H，ddd，15.2，8.8，2.4）
11	23.8（t）	1.25~1.74（2Hm）
12	27.7（t）	1.25~1.74（2Hm）
13	24.8（t）	1.25~1.74（2Hm）
14	32.9（t）	1.25~1.74（2Hm）
15	73.8（d）	4.91（1H，m）
16	20.4（q）	1.11（3H，d，6.4）

第 3 章　黄酮类化合物核磁共振图解实例

3.1　黄酮类化合物的核磁特征

黄酮类化合物（flavonoid）原指具有 2-苯基色原酮基本母核的一类化合物，现泛指具有 C_6-C_3-C_6 基本母核的一类化学成分，两个苯环通过中间一个 C_3 结构连接而成（图 3.1）。

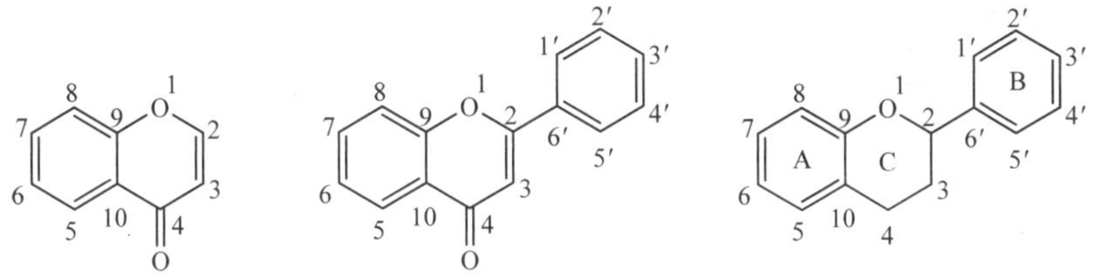

色原酮　　　　　　　　　2-苯基色原酮　　　　　　　　　C_6-C_3-C_6

图 3.1　黄酮类化合物的基本母核

黄酮类化合物 NMR 谱图一般有以下特征：

（1）^{1}H NMR：采用 $CDCl_3$、氘代 DMSO 等溶剂进行 ^{1}H NMR 测定时，常常出现羟基峰，重水交换后消失。

黄酮类化合物的 A 环常有 5, 7-二羟基取代、5, 6, 7-三羟基取代、5, 7, 8-三羟基取代、7-羟基取代等类型。其中 5, 6, 7-三羟基取代黄酮 H-8 的化学位移为 6.5～7.0ppm，5, 7, 8-三羟基取代黄酮 H-6 的化学位移为 6.0～6.2ppm。羟基若甲基化或糖苷化，氢化学位移将向低场移动。

B 环取代方式较固定，常有 4′-氧取代、3′, 4′-二氧取代、2′, 4′-二氧取代及 3′, 4′, 5′-三氧取代等。取代位置可通过耦合常数确定，例如 2′, 4′-二氧取代黄酮，H-3′化学位移为 6.0～6.6ppm，耦合常数为 2.0Hz；H-5′化学位移为 6.3～6.5ppm，耦合常数为 2.0Hz、8.0Hz，H-6′化学位移为 7.0～7.4ppm，耦合常数为 8.0Hz。3′, 4′, 5′-三氧取代黄酮 H-2′和 H-6′化学位移为 6.5～7.5ppm，耦合常数为 2.0Hz。

通过 C 环的氢化学位移一般可以确定属于哪一类黄酮化合物。黄酮类化合物 H-3 的化学位移为 6.3～6.8ppm；异黄酮 H-2 的化学位移因溶剂变化而变化，一般均在 7.5～9.0ppm 之间；二氢黄酮 H-2 往往产生 dd 峰，耦合常数约为 11.0Hz 和 5.0Hz，H-3 两个氢的耦合常数分别为 17.0Hz、11.0Hz 和 17.0Hz、5.0Hz。二氢黄酮醇中 H-2 和 H-3 互相耦合，产生 dd 峰，OH-3 成糖苷后 H-2 和 H-3 化学位移均向低场移动。查尔酮 H-α 化学位移为 6.7～7.4ppm，耦合常数为 17.0Hz，H-β 化学位移为 7.3～7.7ppm，耦合常数为 17.0Hz。查耳酮类化合物双键 CH 化学位移 6.5～6.7ppm。

糖端基质子化学位移约为 5.2ppm，但不同的苷元和糖化学位移不同。其他糖环质子化学位移为 3.2~4.2ppm，CH_2OH 质子化学位移为 3.8~5.4ppm，鼠李糖甲基化学位移为 0.8~1.5ppm。对于 OH-2 位于 e 键的六元 D 型吡喃糖可通过端基质子耦合常数来判断糖苷键的构型。若端基质子耦合常数为 6~8Hz，糖苷键为 β 构型，H-1 位于 a 键；若耦合常数为 2~4Hz，糖苷键为 α 构型，H-1 位于 e 键。

（2）^{13}C NMR：黄酮类化合物 ^{13}C NMR 化学位移有以下特征。

母体中 C-4 羰基化学位移为 170~210ppm，氧取代芳香碳为 165~155ppm（无邻对位氧取代）或 155~130ppm（有邻对位氧取代），非氧取代芳香碳为 135~125ppm（有邻对位氧取代）或 125~90ppm（有邻对位氧取代）。

糖端基碳化学位移为 105~95ppm，糖上 CH_2OH 约为 60ppm，鼠李糖 CH_3 为 20~7ppm。糖端基 ^{13}C NMR 化学位移大小可用于判断糖苷键的构型，如 α-D-吡喃葡萄糖的化学位移为 93.2ppm，β-D-吡喃葡萄糖的化学位移为 97.1ppm。

C-苷端基碳的化学位移在 71~78ppm 之间，可用于初步判断 C-苷的存在。

异戊烯基 CH_2 化学位移约为 21ppm，双键 CH 约为 122ppm，双键 C 约为 131ppm，甲基约为 18ppm。

不同黄酮类化合物 C 环的 ^{13}C NMR 化学位移具有显著的特征，可利用这些特征鉴别各类化合物。C 环 C-2、C-3、C-4 的 ^{13}C NMR 特征数据见表 3.1。

表 3.1 不同黄酮类化合物 C 环 ^{13}C NMR 特征化学位移

类型	δ_{C-4}/ppm	δ_{C-2}/ppm	δ_{C-3}/ppm
黄酮	176~184	160~165	104~112
二氢黄酮	188~198	75~81	42~45
异黄酮	175~183	149~157	122~126
黄酮醇	172~187	145~150	136~139
二氢黄酮醇	175~198	83~85	71~74
查耳酮	188~195	136~146	116~129
二氢查耳酮	200~205	约 30	40~45

3.2　核磁共振图解实例

3.2.1　山奈酚

山奈酚（**C-1**）的分子式为 $C_{15}H_{10}O_6$，不饱和度为 11，可能存在多个不饱和键和苯环。分析其 ^{13}C NMR 和 DEPT 谱图（图 3.2），所有碳信号均位于较低场，共有 13 个碳信号，其中 δ_C 176.0ppm（s）、146.8ppm（s）、135.7ppm（s）表明该化合物可能为黄酮醇类化合物，分子中部分存在对称。分析 ^1H NMR（图 3.3）数据存在 δ_H 8.04ppm（2H，d，$J=8.8$Hz）、6.92ppm（2H，d，$J=8.8$Hz），说明该化合物 B 环为对称取代苯环，即 4′-羟基取代。δ_H 6.44ppm（1H，d，$J=2.0$Hz）、6.19ppm（1H，d，$J=2.0$Hz）说明 A 环为 5, 7-二氧取代。除此之外，无更多 ^1H NMR 信号，且 ^{13}C NMR 中存在 δ_C 135.7ppm（s），说明 C-3 为羟基取代，为黄酮醇。

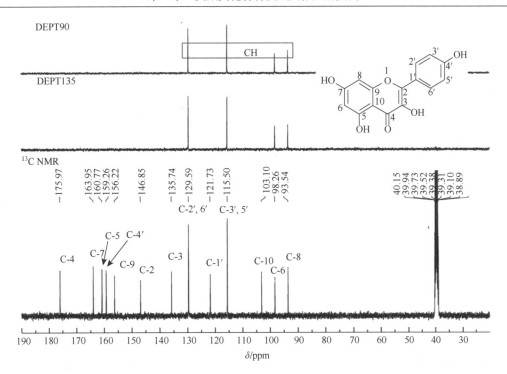

图 3.2　化合物 **C-1** 的 ^{13}C NMR 和 DEPT 谱图（100MHz，DMSO-d_6）

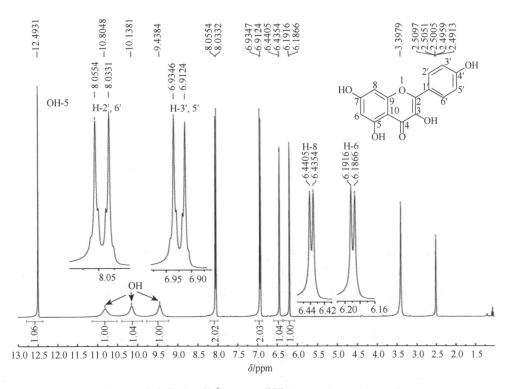

图 3.3　化合物 **C-1** 的 ^{1}H NMR 谱图（400MHz，DMSO-d_6）

　　为进一步确定化合物的准确结构，进行 2D NMR 测试。^{1}H-^{1}H COSY 谱图（图 3.4）显示 H-3′, 5′与 H-2′, 6′存在相关表明该化合物 B 环为 1′, 4′-二取代苯环。根据 HSQC 谱图（图 3.5）确定了 H-C 连接关系。从 HMBC 谱（图 3.6）中看出 H-6 与 C-5、C-7、C-8 和 C-10，H-8 与 C-6、C-7、C-9 和 C-10 存在相关进一步验证了该化合物 A 环为 5, 7-二羟基取代。H-2′, 6′与 C-2 的相关表明化合物 B 环连接在 C 环的 C-2 位。ROESY 谱图（图 3.7）中 H-2′和 H-6′分别与 H-3′和 H-5′存在相关进一步验证了 B 环的取代关系。结合分子式，鉴定化合物 **C-1** 为 3, 4′, 5, 7-四羟基黄酮，即山柰酚。NMR 数据归属如表 3.2 所示。

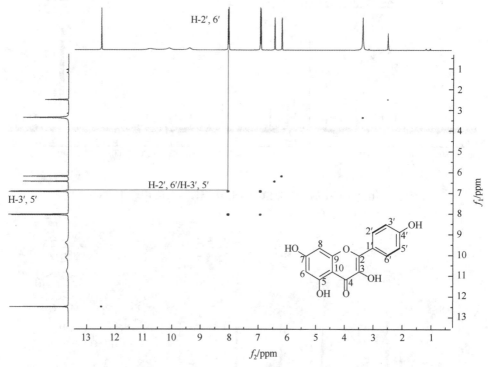

图 3.4　化合物 **C-1** 的 ^{1}H-^{1}H COSY 谱图（400MHz，DMSO-d_6）

3.2.2　瓶尔小草醇

　　瓶尔小草醇（**C-2**）分子式为 $C_{16}H_{12}O_7$，不饱和度为 11，可能还含有多个不饱和键或苯环。分析 ^{13}C NMR 和 DEPT 谱图（图 3.8），较低场区共有 15 个碳，较高场区有 1 个氧取代 CH$_2$。δ_C 183.4ppm（s）、165.8ppm（s）、117.9ppm（s）等数据说明该化合物为黄酮类化合物。^{1}H NMR 谱（图 3.9）中，δ_H 6.27ppm（1H，d，$J=1.6$Hz）、6.13ppm（1H，d，$J=1.6$Hz）说明这两个 H 处于间位，A 环为 5, 7-二氧取代，δ_H 7.30ppm（1H，d，$J=2.0$Hz）、7.24（1H，dd，$J=8.0$Hz，2.0Hz）、6.88ppm（1H，d，$J=8.0$Hz）说明化合物 B 环为 3′, 4′-二氧取代。δ_H 4.48ppm（2H，s）、δ_C 56.3ppm（t）和 117.9ppm（s）说明 C-3 连接 CH$_2$OH，结合分子式所有氧取代应为羟基取代。因此鉴定化合物 **C-2** 为 3-羟甲基-3′, 4′, 5, 7-四羟基黄酮，即瓶尔小草醇[16]，NMR 数据如表 3.3 所示。

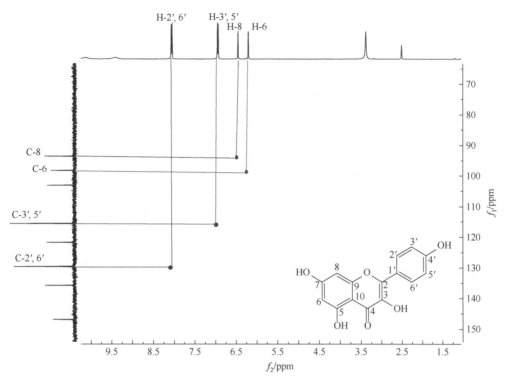

图 3.5　化合物 **C-1** 的 HSQC 谱图（400MHz，DMSO-d_6）

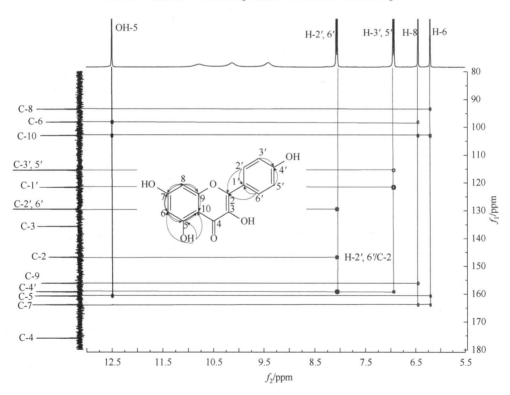

图 3.6　化合物 **C-1** 的 HMBC 谱图（400MHz，DMSO-d_6）

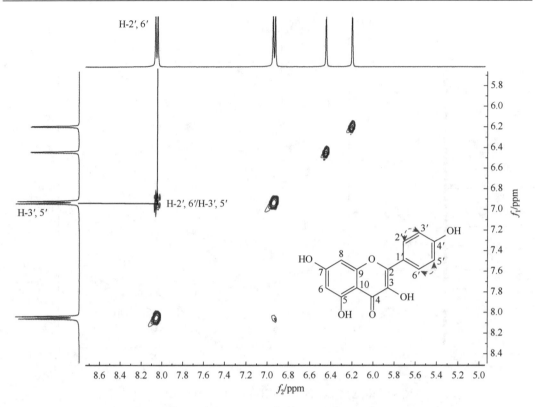

图 3.7　化合物 **C-1** 的 ROESY 谱图（400MHz，DMSO-d_6）

表 3.2　化合物 **C-1** 的 ^{1}H NMR（400MHz）和 ^{13}C NMR（100MHz）数据（DMSO-d_6）

序号	δ_C/ppm	δ_H/ppm（J/Hz）
2	146.8（s）	—
3	135.7（s）	—
4	176.0（s）	—
5	160.8（s）	—
6	98.3（d）	6.19（1H，d，2.0）
7	164.0（s）	—
8	93.5（d）	6.44（1H，d，2.0）
9	156.2（s）	—
10	103.1（s）	—
1′	121.7（s）	—
2′，6′	129.6（d）	8.04（2H，d，8.8）
3′，5′	115.5（d）	6.92（2H，d，8.8）
4′	159.3（s）	—
OH-5	—	12.49（1H，s）

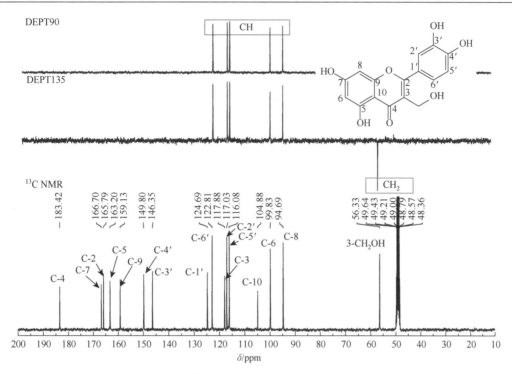

图 3.8　化合物 **C-2** 的 ^{13}C NMR 和 DEPT 谱图（100MHz，DMSO-d_6）

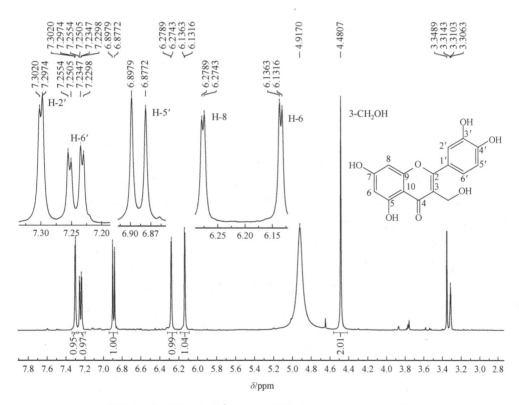

图 3.9　化合物 **C-2** 的 ^{1}H NMR 谱图（400MHz，DMSO-d_6）

表 3.3　化合物 C-2 的 ^{1}H NMR（400MHz）和 ^{13}C NMR（100MHz）数据（DMSO-d_6）

序号	δ_C/ppm	δ_H/ppm（J/Hz）
2	165.8（s）	—
3	117.9（s）	—
4	183.4（s）	—
5	163.2（s）	—
6	99.8（d）	6.13（1H，d，1.6）
7	166.7（s）	—
8	94.7（d）	6.27（1H，d，1.6）
9	159.1（s）	—
10	104.9（s）	—
1′	124.7（s）	—
2′	117.0（d）	7.30（1H，d，2.0）
3′	146.4（s）	—
4′	149.8（s）	—
5′	116.1（d）	6.88（1H，d，8.0）
6′	122.8（d）	7.24（1H，dd，8.0，2.0）
3-CH$_2$OH	56.3（t）	4.48（2H，s）

3.2.3　芦丁[17, 18]

　　芦丁（**C-3**）分子式为 $C_{28}H_{32}O_{15}$，不饱和度为 13，可能含有多个不饱和键或苯环。^{13}C NMR 和 DEPT 谱图（图 3.10）显示 28 个碳信号，其中化学位移 67～77ppm 区间为 2 个糖环上碳信号，93～178ppm 区间为 2 个糖苷端基质子和 1 个黄酮苷元碳信号，因此该化合物为黄酮苷。根据 ^{13}C NMR 谱图中 δ_C 177.4ppm（s）、133.3ppm（s）推测苷元部分为黄酮醇类化合物。^{1}H NMR 谱图（图 3.11）中 δ_H 6.38ppm（1H，d，J = 2.0Hz）、6.19ppm（1H，d，J = 2.0Hz）说明苷元 A 环为 5, 7-二氧取代；δ_H 6.84ppm（1H，d，J = 8.4Hz）、7.53ppm（1H，d，overlapped）、7.54ppm（1H，dd，J = 8.4Hz，2.0Hz）说明 B 环为 3′, 4′-二氧取代。由于 **C-3** 的 δ_C 133.3ppm（s），因此 C-3 位氧取代，该化合物苷元为 3, 3′, 4′,5,7-五羟基黄酮，即槲皮素。由 δ_H 0.98ppm（3H，d，J = 6.4Hz）和 δ_C 17.8ppm（q）可知化合物中其中一个糖为鼠李糖，根据 ^{13}C NMR 鉴定另一个糖为吡喃葡萄糖。H-1″的耦合常数为 6.8Hz 表明吡喃葡萄糖苷键为 β 构型，H-1‴的耦合常数为 3.6Hz 确定鼠李糖苷键为 α 构型。HMBC 谱中 H-1″与 C-3，以及 H-1‴与 C-6″存在相关表明 β-吡喃葡萄糖连接在 C-3 位，α-鼠李糖连接在 C-6″位。因此，鉴定化合物 **C-3** 为芦丁，NMR 数据见表 3.4。

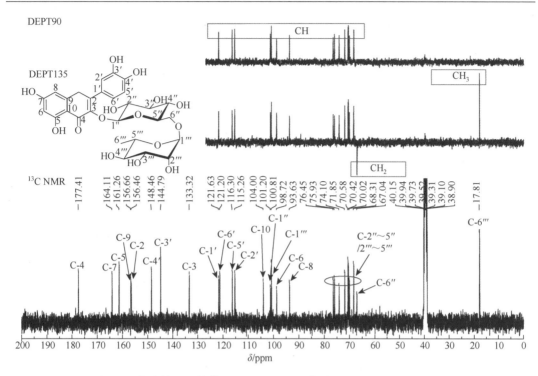

图 3.10　化合物 **C-3** 的 ^{13}C NMR 和 DEPT 谱图（100MHz，DMSO-d_6）

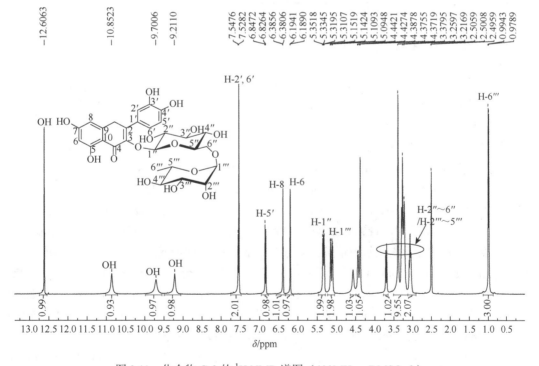

图 3.11　化合物 **C-3** 的 ^1H NMR 谱图（400MHz，DMSO-d_6）

表 3.4　化合物 C-3 的 ^{1}H NMR（400MHz）和 ^{13}C NMR（100MHz）数据（DMSO-d_6）

序号	δ_C/ppm	δ_H/ppm（J/Hz）
2	156.5（s）	—
3	133.3（s）	—
4	177.4（s）	—
5	161.3（s）	—
6	98.7（d）	6.19（1H，d，2.0）
7	164.1（s）	—
8	93.6（d）	6.38（1H，d，2.0）
9	156.7（s）	—
10	104.0（s）	—
1′	121.6（s）	—
2′	115.3（d）	7.53（1H，d，overlapped）
3′	144.8（s）	—
4′	148.5（s）	—
5′	116.3（d）	6.84（1H，d，8.4）
6′	121.2（d）	7.54（1H，dd，8.4，2.0）
1″	101.2（d）	5.33（1H，d，6.8）
2″～5″	68.3～76.4（d）	3.02～3.72（m）
6″	67.0（t）	3.02～3.72（m）
1‴	100.8（d）	5.14（1H，d，3.6）
2‴～5‴	68.3～76.4（d）	3.02～3.72（m）
6‴	17.8（q）	0.98（3H，d，6.4）

3.2.4　pedunculosumoside B[16, 19]

pedunculosumoside B （**C-4**）的分子式为 $C_{33}H_{40}O_{17}$，不饱和度为 14，可能还含有多个苯环和不饱和键。从 ^{13}C NMR 和 DEPT 谱图（图 3.12）可以看出一共含有 33 个碳信号，其中 δ_C 53～78ppm 区间显示 2 个糖的非端基碳，δ_C 94～182ppm 之间显示 2 个糖端基碳、1 个黄酮骨架结构和 1 个异戊烯结构，δ_C 181.8ppm（s）和 115.2ppm（s）显示苷元部分为黄酮类化合物，表明该化合物为含有异戊烯基片段的黄酮苷类化合物。^{1}H NMR 谱图（图 3.13）显示 δ_H 6.71ppm（1H，d，$J=2.0$Hz）和 6.46ppm（1H，d，$J=2.0$Hz）表明苷元 A 环为 5, 7-二氧取代；δ_H 7.29ppm（1H，d，$J=2.0$Hz）和 7.21ppm（1H，d，$J=2.0$Hz）表明 B 环为 3′, 4′, 5′-三取代。δ_C 53.5ppm（t）、115.2ppm（s）和 δ_H 4.28ppm（2H，s）说明 C-3 为羟甲基取代。因此，该化合物的苷元为瓶尔小草醇。δ_C 105.5ppm（d）和 99.8ppm（d）为糖端基碳信号，δ_C 60.9ppm（t）和 60.6ppm（t）显示糖 C-6 为 CH_2 信号，结合其他糖数据可知 2 个糖均为吡喃葡萄糖。^{1}H NMR 中糖端基氢 δ_H 5.09ppm（1H，d，$J=7.6$Hz）和 4.63ppm（1H，d，$J=7.2$Hz）说明 2 个糖苷键均为 β 型。^{13}C NMR 谱中除去苷元和糖，剩余 δ_C 132.2ppm（s）、122.5ppm（d）、28.4ppm（t）、25.6ppm（q）和 17.8ppm（q）表明异戊烯基的存在。HMBC 谱中 H-1″与 C-3′、H-1‴与 C-7、H-1‴与 C-4′相关表明异戊烯基连接在 C-3′上，2 个 β-D-吡喃葡萄糖分别连接在 C-7 和 C-4′上。因此鉴定化合物为 3′-异戊烯基-7, 4′-二（O-β-D-吡喃葡萄糖基）瓶尔小草醇，即 pedunculosumoside B，其 NMR 数据见表 3.5。

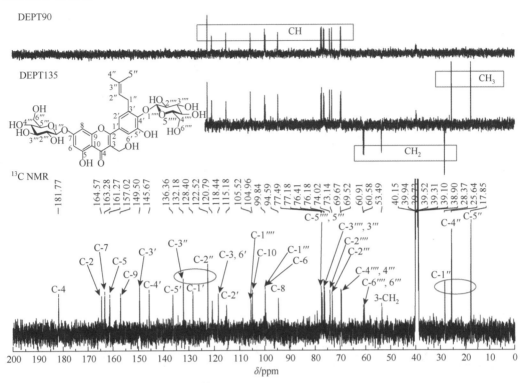

图 3.12 化合物 **C-4** 的 ^{13}C NMR 和 DEPT 谱图（100MHz，DMSO-d_6）

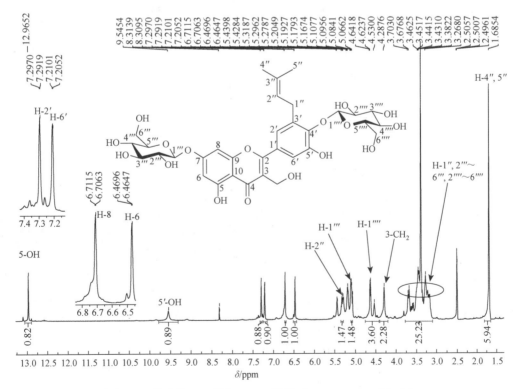

图 3.13 化合物 **C-4** 的 ^{1}H NMR 谱图（400MHz，DMSO-d_6）

表 3.5　化合物 C-4 的 ^{1}H NMR（400MHz）和 ^{13}C NMR（100MHz）数据（DMSO-d_6）

序号	δ_C/ppm	δ_H/ppm（J/Hz）
2	164.6（s）	—
3	118.4（s）	—
4	181.8（s）	—
5	161.3（s）	—
6	99.8（d）	6.46（1H, d, 2.0）
7	163.3（s）	—
8	94.6（d）	6.71（1H, d, 2.0）
9	157.0（s）	—
10	105.0（s）	—
1'	128.4（s）	—
2'	115.2（d）	7.29（1H, d, 2.0）
3'	149.5（s）	—
4'	145.7（s）	—
5'	136.4（s）	—
6'	118.4（d）	7.21（1H, d, 2.0）
1″	28.4（t）	3.10～3.70（m）
2″	122.5（d）	5.30（1H, m）
3″	132.2（s）	—
4″	25.6（q）	1.69（3H, s）
5″	17.8（q）	1.69（3H, s）
1‴	99.8（d）	5.09（1H, d, 7.6）
2‴	73.1（d）	3.10～3.70（m）
3‴	76.2（d）	3.10～3.70（m）
4‴	69.5（d）	3.10～3.70（m）
5‴	77.2（d）	3.10～3.70（m）
6‴	60.6（t）	3.10～3.70（m）
1⁗	105.5（d）	4.63（1H, d, 7.2）
2⁗	74.0（d）	3.10～3.70（m）
3⁗	76.4（d）	3.10～3.70（m）
4⁗	69.7（d）	3.10～3.70（m）
5⁗	77.5（d）	3.10～3.70（m）
6⁗	60.9（t）	3.10～3.70（m）

3.2.5　apigenin 6-C-*α*-arabinofuranosyl 8-C-*α*-arabinopyranoside[20]

apigenin 6-C-α-arabinofuranosyl 8-C-α-arabinopyranoside（**C-5**）分子式为 $C_{25}H_{26}O_{13}$，不饱和度为 13，可能还有多个苯环和不饱和双键。红外光谱显示在 $3416~cm^{-1}$ 处有羟基吸收，在 $1632~cm^{-1}$ 处有羰基吸收。^{13}C NMR 谱图（图 3.14）显示分子中有 25 个 C，其中 15 个 C 属于黄酮苷元部分，10 个 C 为糖部分，^{1}H NMR 谱图（图 3.15）中，4 个 H（δ_H 6.88ppm，2H，d，$J=8.4Hz$；8.30ppm，2H，d，$J=8.4Hz$）是黄酮 B 环上典型的 1′，4′-二取代氢信号，在 A 环和 C 环上只显示了 1 个 H 的单峰信号（δ_H 6.85ppm），通过 HSQC 谱图（图 3.16）确定的 H-C 连接关系和 HMBC 谱图（图 3.17 和图 3.18）中这个氢与 C-2（δ_C 164.3ppm，s）、C-4（δ_C 182.3ppm，s）、C-10（δ_C 103.2ppm，s）和 C-1′（δ_C 121.0ppm，s）相关，表明该 δ_H 6.85ppm 为 H-3，因此可以推断 A 环为一个六取代的苯环，这与芹菜素在 C-6 和 C-8 上取代的结构一致[21]。此外，在 δ_H 4.58ppm（$J=9.8Hz$）和 δ_H 5.43ppm（$J=2.9Hz$）处有 2 个很明显的糖异头氢二重峰信号。通过 ^{13}C NMR 谱图（图 3.14）和 ^{1}H-^{1}H COSY 谱图（图 3.19）中氢的连接关系鉴定出分子中有 2 个糖：α-阿拉伯呋喃糖和 α-阿拉伯吡喃糖。2 个异头碳信号（δ_C 74.4ppm，d；δ_C 80.0ppm，d）罕见地出现在高场部分，表明 2 个糖是通过碳苷键与苷元相连[22, 23]，与通常氧苷键相连的 α-阿拉伯呋喃糖[24]和 α-阿拉伯吡喃糖[25]相比，通过碳苷键连接的端基氢有更大的耦合常数，这也进一步证明了此化合物的糖与母核是通过碳苷键相连的。

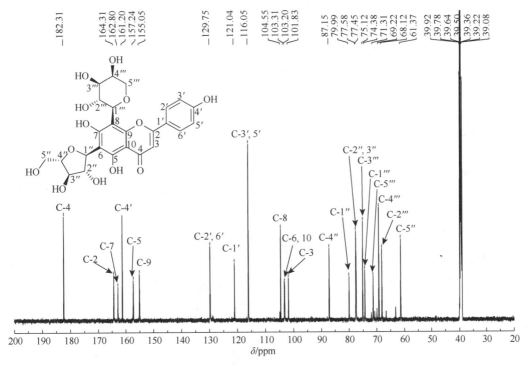

图 3.14　化合物 **C-5** 的 ^{13}C NMR 谱图（150MHz，DMSO-d_6）

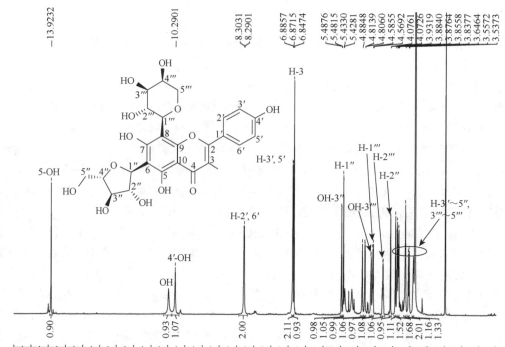

图 3.15　化合物 **C-5** 的 ^{1}H NMR 谱图（600MHz，DMSO-d_6）

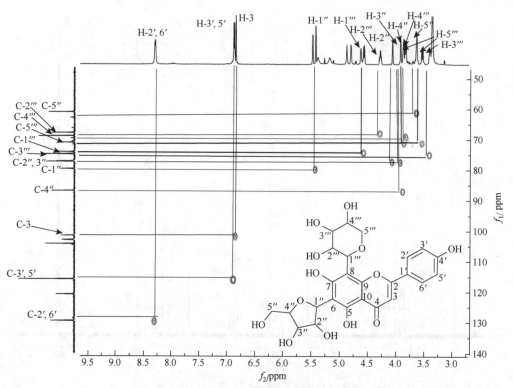

图 3.16　化合物 **C-5** 的 HSQC 谱图（600MHz，DMSO-d_6）

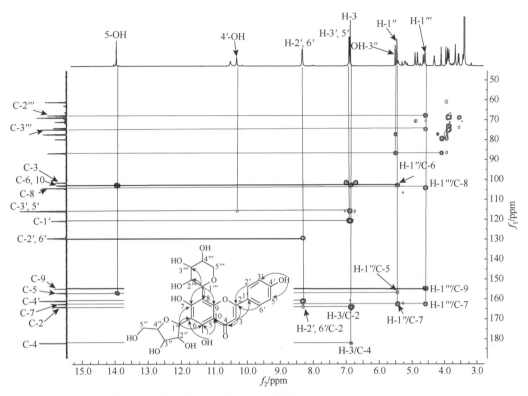

图 3.17 化合物 **C-5** 的 HMBC 谱图（600MHz，DMSO-d_6）

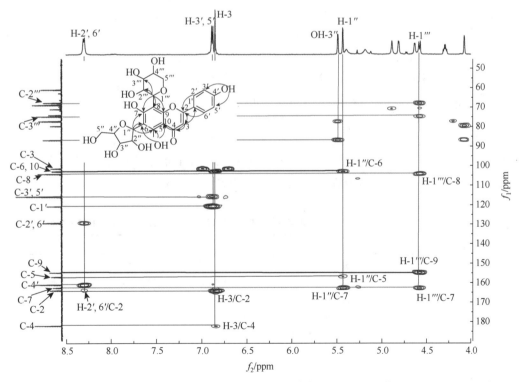

图 3.18 化合物 **C-5** 的 HMBC 谱图（局部放大）（600MHz，DMSO-d_6）

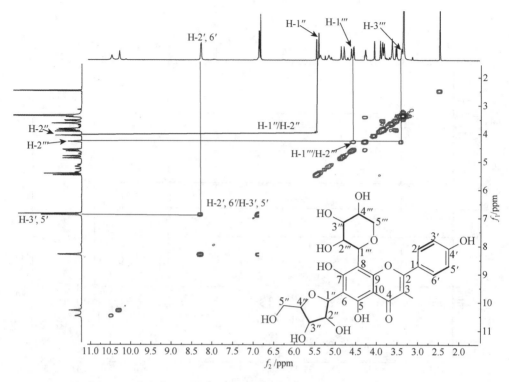

图3.19　化合物 **C-5** 的 ^{1}H-^{1}H COSY 谱图（600MHz，DMSO-d_6）

ROESY 谱图（图3.20）中，H-1″（δ_H 5.43ppm，d，$J = 2.9$Hz）与 H-3″（δ_H 3.89ppm，m），H-2″（δ_H 4.07ppm，d，$J = 2.1$Hz）与 OH-3″（δ_H 5.48ppm，br s）相关，表明阿拉伯呋喃糖为 α 型，H-1‴与 H-3‴相关，H-2‴与 OH-3‴和 H-2′相关，表明阿拉伯吡喃糖为 α 型。通过 HMBC 谱图（图3.18），H-1″（δ_H 5.43ppm）与 C-5（δ_C 157.2ppm，s）、C-6（δ_C 103.3ppm，s）和 C-7（δ_C 162.8ppm，s）相关，H-1‴（δ_H 4.58ppm）与 C-7、C-8（δ_C 104.6ppm，s）和 C-9（δ_C 155.1ppm，s）相关，推出化合物 **C-5** 中的两个糖苷位置在 C-6 和 C-8 处，而且 C-6 和 C-8 相对高场的化学位移也进一步证实碳苷键的存在。因此，化合物 **C-5** 鉴定为 apigenin 6-C-α-arabinofuranosyl 8-C-α-arabinopyranoside。根据 1D/2D NMR 对 ^{1}H NMR 和 ^{13}C NMR 数据进行了准确归属（表3.6）。

表3.6　化合物 C-5 的 ^{1}H NMR（600MHz）和 ^{13}C NMR（150MHz）数据（DMSO-d_6）

序号	δ_C/ppm	δ_H/ppm（J/Hz）
2	164.3（s）	—
3	101.8（d）	6.85（1H，s）
4	182.3（s）	—
5	157.2（s）	—
6	103.3（s）	—
7	162.8（s）	—
8	104.6（s）	—

续表

序号	δ_C/ppm	δ_H/ppm（J/Hz）
9	155.0（s）	—
10	103.2（s）	—
1′	121.0（s）	—
2′, 6′	129.8（d）	8.30（2H, d, 8.4）
3′, 5′	116.0（d）	6.88（2H, d, 8.4）
4′	161.2（s）	—
1″	80.0（d）	5.43（1H, d, 2.9）
2″	70.6（d）	4.07（1H, d, 2.1）
3″	70.4（d）	3.30～3.90（m）
4″	87.2（d）	3.30～3.90（m）
5″	61.4（t）	3.30～3.90（m）
1‴	74.4（d）	4.58（1H, d, 9.8）
2‴	68.1（d）	4.27（1H, m）
3‴	75.1（d）	3.30～3.90（m）
4‴	69.2（d）	3.30～3.90（m）
5‴	71.3（t）	3.30～3.90（m）

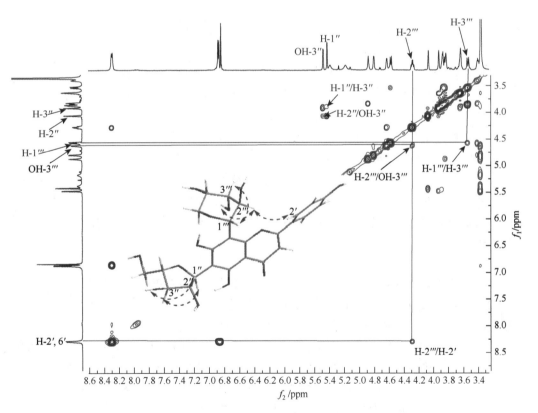

图 3.20　化合物 C-5 的 ROESY 谱图（DMSO-d_6，600MHz）

第4章　萜类化合物核磁共振图解实例

萜类化合物（terpenoid）是一类种类繁多、骨架复杂的天然化合物，其具有千变万化的结构和丰富多样的生物活性。萜类化合物在自然界中广泛存在，植物、微生物、昆虫及海洋生物中都含有萜类成分。从化学结构来看，它们都可由相同的生源途径衍化而来，即通过异戊二烯（C_5H_8 单元）及其含氧衍生物以各种方式连接而成。但经过大量的实验研究证明，甲戊二羟酸（mevalonic acid）才是萜类化合物的关键前体。通常，萜类化合物都是根据其结构中异戊二烯单元的数量进行分类的，如单萜、倍半萜、二萜、二倍半萜等。鉴于萜类化合物类型多样、骨架庞杂，在有限的篇幅内难以做出全面具体的归纳总结，《分析化学手册（第七分册）》[26]对大量萜类化合物的氢谱和碳谱数据进行了整理，为萜类化合物的结构鉴定了提供了重要参考。本章将分别对单萜、倍半萜、二萜、二倍半萜及三萜类化合物的核磁共振图谱实例进行解析。

4.1　单萜类化合物的核磁特征及核磁共振图解实例

单萜类化合物（monoterpenoid）是指分子中含有两个异戊二烯单元的萜烯及其衍生物。单萜类化合物多数是挥发油中沸点较低部分的主要成分，而有些成苷后则不具有挥发性。单萜广泛存在于高等植物中的分泌组织中，其含氧衍生化后沸点相对较高且多数具有较强的香气和活性，是医药、食品和化妆品工业的重要原料。单萜类化合物研究进展迅速，已知骨架如图 4.1 所示[27]。其化合物骨架可分为链状型和环状型两类，而环状型又分为单环、双环、三环等，其中单环和双环类型包含最多种类的单萜化合物。环烯醚萜（iridoid）是蚁臭二醛（iridodial）的缩醛衍生物，其为含有环戊烷结构单元的环状单萜衍生物。环烯醚萜主要包括含有环戊烷结构的环烯醚萜骨架和环戊烷裂环环烯醚萜骨架（secoiridoid）两种［图 4.1（b）］。

单萜类化合物 NMR 谱图的一般特征：

（1）链状单萜的 NMR 谱图特征类似烷烃类分子，解析难度相关较低。

（2）环状单萜成环连接方式较多，结构较为复杂，NMR 解析时可考虑从季碳、不饱和双键、含氧基团等位置入手，结合 2D NMR 谱图解析。

（3）环烯醚萜类化合物因 C-4 及 C-8 已发生氧化及脱羧反应，环戊烷可呈现不同的氧化态，C(7)-C(8)键断裂开环等，导致其结构种类多样，解析难度也较大，^1H NMR 和 ^{13}C NMR 中的特征信号能为环烯醚萜结构类型的确定提供重要依据。文献[28]中部分环烯醚萜的 NMR 特征信号分布为其结构类型的确定提供参考。

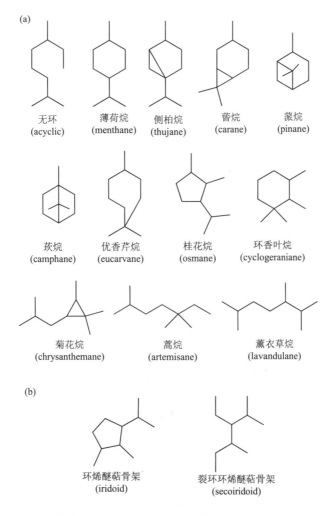

(a)

无环
(acyclic)

薄荷烷
(menthane)

侧柏烷
(thujane)

蒈烷
(carane)

蒎烷
(pinane)

茨烷
(camphane)

优香芹烷
(eucarvane)

桂花烷
(osmane)

环香叶烷
(cyclogeraniane)

菊花烷
(chrysanthemane)

蒿烷
(artemisane)

薰衣草烷
(lavandulane)

(b)

环烯醚萜骨架
(iridoid)

裂环环烯醚萜骨架
(secoiridoid)

图 4.1　单萜类化合物（a）及环烯醚萜（b）的基本骨架类型

　　根据化合物 oleuropeic acid（**D-1**）的 HR-ESI-MS 确定其分子式为 $C_{10}H_{16}O_3$，符合异戊二烯原则，其不饱和度为 3。^{1}H NMR 谱图（图 4.2）中氘代甲醇的信号峰在 δ_H 3.31ppm 左右，δ_H 4.96ppm 左右的宽峰为水信号。从 ^{1}H NMR 谱图可以看出该化合物在高场含有 2 个甲基的 6 个质子信号（H-8 和 H-9，δ_H 1.18ppm）和 7 个饱和烃质子，在低场含有 1 个烯烃质子（H-2，δ_H 6.99ppm）的信号。化合物氢谱裂分不理想且信号重叠严重，耦合常数经多次测试都未取得理想结果，但因结构相对简单可通过 2D NMR 分析对化合物结构进行确定。

　　根据 ^{13}C NMR 和 DEPT 谱图（图 4.3）提供的信息，除去氘代甲醇的七重信号峰（δ_C 48.4～49.6ppm）后，可以确定化合物的 10 个碳信号包括 3 个季碳[其中 1 个羰基（C-10，δ_C 171.1ppm）、1 个烯烃碳（C-1，δ_C 131.7ppm）及 1 个含氧碳（C-7，δ_C 72.9ppm）]，2 个次甲基[其中 1 个烯烃次甲基（C-2，δ_C 140.8ppm）]，3 个亚甲基（C-3、C-5、C-6），以及 2 个甲基（C-8、C-9）。

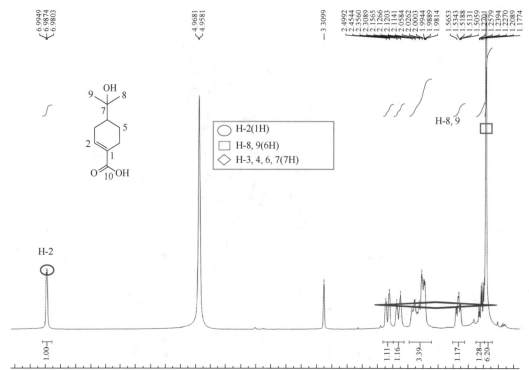

图 4.2　化合物 **D-1** 的 ^1H NMR 谱图（400MHz，MeOD）

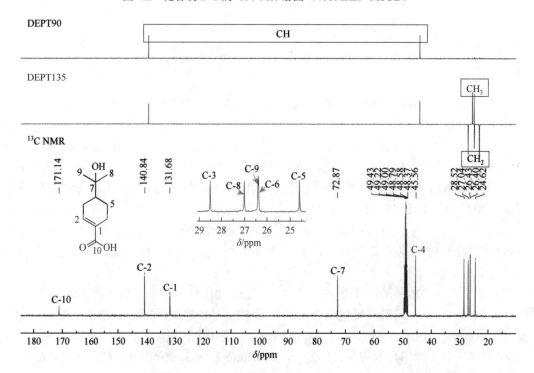

图 4.3　化合物 **D-1** 的 ^{13}C NMR 和 DEPT 谱图（100MHz，MeOD）

　　根据 HSQC 谱图确定化合物的碳氢一一对应关系（图 4.4 和图 4.5），为进一步的 2D NMR 解析提供参考。

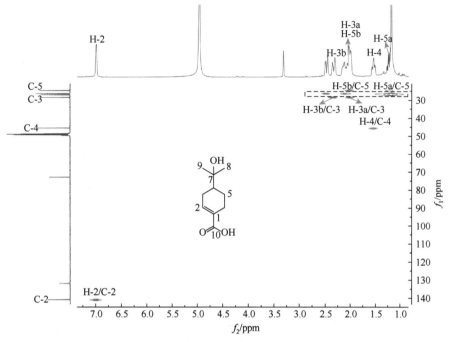

图 4.4　化合物 **D-1** 的 HSQC 谱图（400MHz，MeOD）

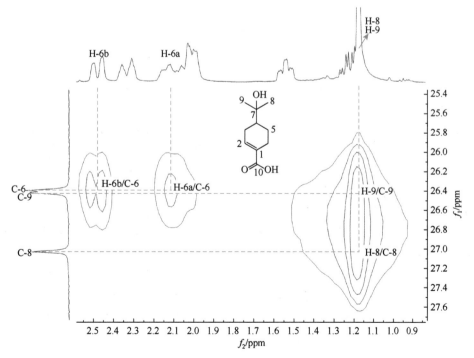

图 4.5　化合物 **D-1** 的 HSQC 谱图（局部放大）（400MHz，MeOD）

通过 ¹H-¹H COSY 谱图（图 4.6）可以看到 H-2 与 H-3b 相关，H-3a 和 H-3b 与 H-4 相关，H-4 与 H-5a 和 H-5b 相关及 H-5a 与 H-6a 和 H-6b 相关，表明 C-2/C-3/C-4/C-5/C-6 的连接次序。注意：由于 H-3a 与 H-5b 的信号重叠，无法准确得到 H-5b 与 H-6a 和 H-6b 相关。

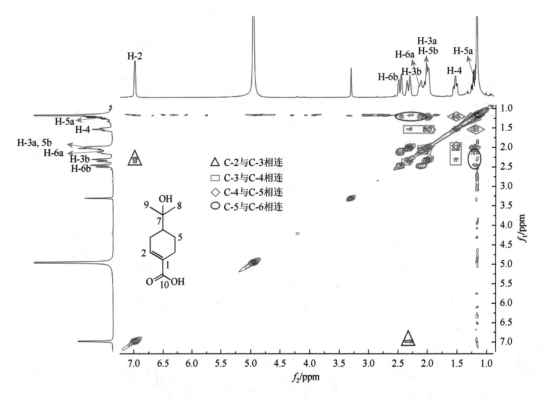

图 4.6 化合物 **D-1** 的 ¹H-¹H COSY 谱图（400MHz，MeOD）

在 ¹H-¹H COSY 谱图解析的基础上对化合物的 HMBC 谱图进行分析，如图 4.7 和图 4.8 所示。H-2 和 H-6 与 C-1 相关，H-2 和 H-6b 与 C-10 相关，可以确定 C-2、C-6 和 C-10 与 C-1 相连，而且根据 C-10 的化学位移值（δ_C 171.1ppm）推测其为羧基。此外，H-2 与 C-3 和 C-4 相关，H-3 与 C-4 相关表明 C-3 与 C-4 相连。H-8 和 H-9 分别与 C-4 和 C-7 相关，加上 H-5a 与 C-4 和 C-7 相关表明 C-4 与 C-7 和 C-5 相连，而 CH₃-8 和 CH₃-9 连接在 C-7 上，此外根据其化学位移值（δ_C 72.9ppm）确定在 C-7 上还存在一个羟基取代。根据 H-4 与 C-5 和 C-6 相关、H-5 与 C-6 相关，确定 C-5 与 C-6 相连，至此确定了化合物 **D-1** 的平面结构，其不饱和度符合要求。

化合物 **D-1** 中 C-4 为手性碳，但其 ROESY 谱图未能提供有效证据，因此化合物立体构型的确定需要借助其他方法。至此可确定化合物的平面结构，并进行准确的数据归属（表 4.1）。最后与文献[29]对比确定化合物 **D-1** 为 oleuropeic acid。

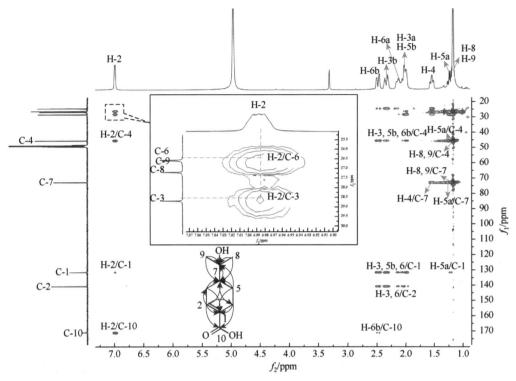

图 4.7　化合物 **D-1** 的 HMBC 谱图（400MHz，MeOD）

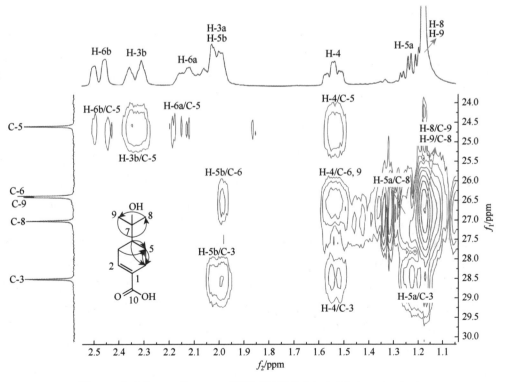

图 4.8　化合物 **D-1** 的 HMBC 谱图（局部放大）（400MHz，MeOD）

表 4.1　化合物 D-1 的 ^{1}H NMR（400MHz）和 ^{13}C NMR（100MHz）数据（MeOD）

序号	δ_C/ppm	δ_H/ppm（J/Hz）	序号	δ_C/ppm	δ_H/ppm（J/Hz）
1	131.7（s）	—	6	26.4（t）	1.21（m） 2.00（m）
2	140.8（d）	6.99（m）	7	72.9（s）	2.12（m） 2.48（m）
3	28.5（t）	2.02（m） 2.32（m）	8	27.0（q）	1.18（s）
4	45.6（d）	1.53（m）	9	26.4（q）	1.18（s）
5	24.6（t）	—	10	171.1（s）	—

4.2　倍半萜类化合物的核磁特征及核磁共振图解实例

倍半萜类化合物（sesquiterpene）是指由 3 个异戊二烯单元组成的具有 15 个碳的天然化合物类群。倍半萜类化合物广泛分布于植物及微生物中，其多以醇、酮、内酯、苷或生物碱的形式存在。倍半萜多具有较强的香气和生物活性，是医药、食品等工业的重要原料。倍半萜类化合物研究发展较快，其不论结构类型还是数量都是萜类化合物中最多的一类。倍半萜类化合物骨架按成环情况可分为无环型、单环型、双环型、三环型和四环型，按照成环大小可分为五元环、六元环、七元环直至十二元环等，按照含氧衍生物类型分为倍半萜醇、醛、酮、内酯等。

倍半萜类化合物因其纷杂的结构类型很难总结出有效的 NMR 谱图特征。然而 NMR 作为倍半萜解析中最为有力的工具，可以通过核磁新技术以及 2D NMR 等相关技术的应用为结构解析提供更多的信息。本节将选取 3 个倍半萜类化合物作为核磁数据解析实例。

4.2.1　melledonal A

根据 melledonal A（**D-2**）的 HR-ESI-MS 确定其分子式为 $C_{23}H_{28}O_8$，不饱和度为 10。观察 ^{1}H NMR 谱（400 MHz），溶剂氘代甲醇的信号峰在 δ_H 3.31ppm，δ_H 4.90ppm 左右的宽峰是水信号。

化合物 **D-2** 的 ^{1}H NMR 谱以氘代甲醇为溶剂，氢谱中一般不会出现活泼氢的信号，因此谱图中化学位移 δ_H 9.51ppm 的信号为醛基氢，此外剩余 22 个氢。其中包括 3 个不饱和氢（δ_H 6.90ppm，6.14ppm，6.13ppm），均为单峰；4 个甲基上的氢（12H，δ_H 0.97ppm，1.16ppm，1.38ppm，2.27ppm），均为单峰；7 个饱和烷烃上的氢，其中 H-5（δ_H 5.76ppm）为 t 峰（J=8.8Hz），推测其与亚甲基相连。H-10（δ_H 3.68ppm）与 H-9（δ_H 2.49ppm）相互耦合为 d 峰，耦合常数 J 为 3.9Hz。而化学位移值在 1.86～2.21ppm 的 H-6（2H）和 H-12（2H）的信号因重叠无法准确判断其耦合情况，如图 4.9 所示。

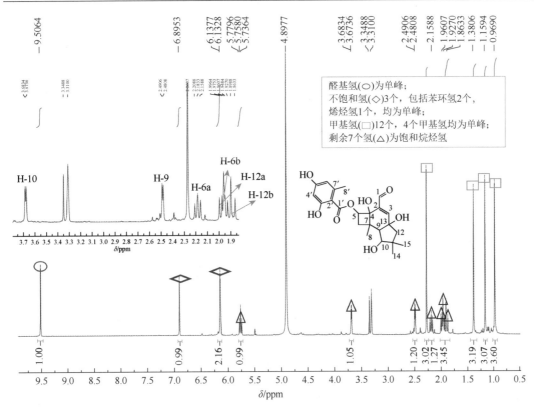

图 4.9　化合物 **D-2** 的 ¹H NMR 谱图（400MHz，MeOD）

结合化合物 **D-2**¹³C NMR 和 DEPT 谱图的信息（图 4.10），除去氘代甲醇的七重信号峰（δ_C 48.4～49.6ppm）后，可以确定化合物的 23 个碳信号包括高场的 4 个甲基（δ_C 21.6ppm，24.1ppm，24.6ppm，28.6ppm）和 2 个亚甲基（δ_C 32.8ppm，55.2ppm）；1 个醛羰基（δ_C 196.4ppm）；3 个烯烃次甲基（δ_C 101.7ppm，112.4ppm，152.9ppm）；3 个饱和次甲基（δ_C 55.5ppm，73.9ppm，82.8ppm），其中 2 个为连氧次甲基；10 个季碳［包括 1 个羰基 C-1′（δ_C 172.0ppm）］。

根据 HSQC 谱图确定化合物的碳氢一一对应关系（图 4.11）。

通过 ¹H-¹H COSY 谱图可以看到 H-5 与 H-6a 和 H-6b 相关，H-9 与 H-10 相关（图 4.12），表明 C-5 与 C-6 连接，C-9 与 C-10 连接。

对化合物 **D-2** 的 HMBC 谱图（图 4.13）分析发现存在杂质干扰，但因杂质相关较弱且未与化合物主要相关重叠，因此 HMBC 谱图解析时需要认真排除杂质引起的干扰。根据 HMBC 谱图中 H-1 与 C-2、C-3 和 C-4 相关，H-3 与 C-2 和 C-4 相关，以及 H-5 与 C-2 和 C-4 相关，确定醛基（C-1）与 C-2 相连，且存在 C(5)-C(4)-C(2)-C(3) 的片段，再根据 C4 的化学位移值（δ_C 75.8ppm）推断其为羟基取代。同时根据 HMBC 谱图中 H-9 与 C-3、C-4，C-7 和 C-13 的相关确定化合物中存在一个醛基取代的环己烯片段。结合 HMBC 谱图（图 4.13）中 H-9 与 C-6 相关，以及 HMBC 局部放大谱（图 4.14）中 H-6 与 C-5、C-7、C-8 和 C-9 相关，H-8 与 C-4、C-6、C-7 和 C-9 相关，确定了存在与环己烯共用 C-4 和 C-7 的四元环，且 C-7 位被 Me-8 取代，此外 C-5 位的化学位移值（δ_C 73.9ppm）表明其为羟基取代。

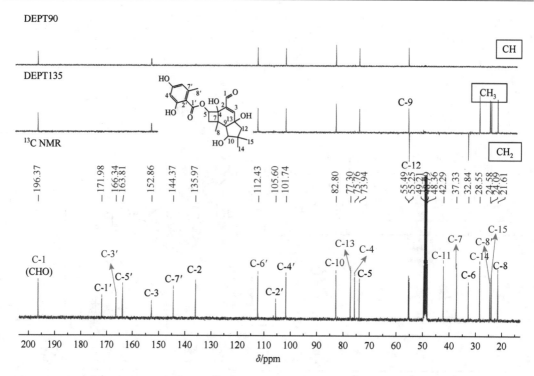

图 4.10　化合物 **D-2** 的 ^{13}C NMR 和 DEPT 谱图（100MHz，MeOD）

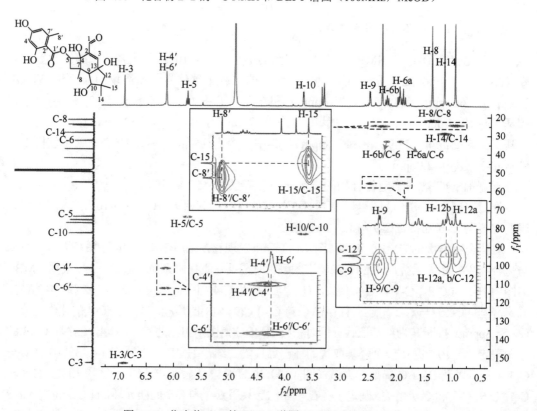

图 4.11　化合物 **D-2** 的 HSQC 谱图（400MHz，MeOD）

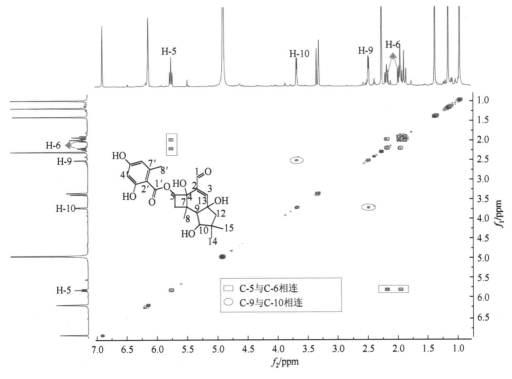

图 4.12　化合物 **D-2** 的 ¹H-¹H COSY 谱图（400MHz，MeOD）

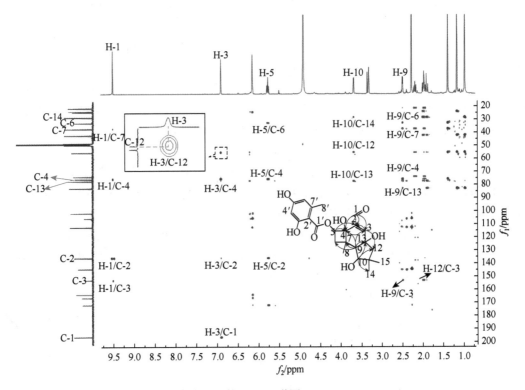

图 4.13　化合物 **D-2** 的 HMBC 谱图（400MHz，MeOD）

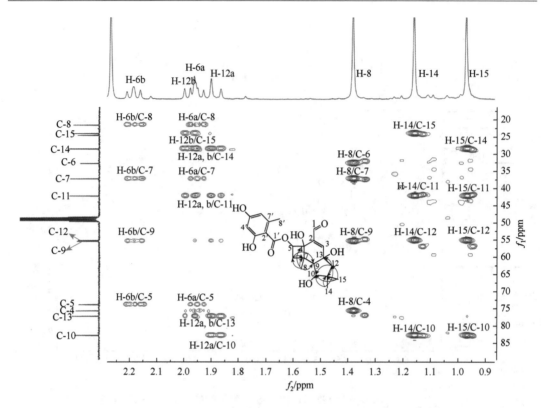

图 4.14　化合物 **D-2** 的 HMBC 谱图（局部放大一）（400MHz，MeOD）

　　根据 HMBC 谱图（图 4.13）中 H-10 与 C-12、C-13 和 C-14 的相关，以及 HMBC 局部放大谱（图 4.14）中 H-12 与 C-10、C-11 和 C-13 的相关，H-14 和 H-15 分别与 C-10、C-11 和 C-12 的相关确定存在一个与环己烯共用 C-9 和 C-13 的环戊烷，且 C-11 位为双甲基（CH_3-14, 15）取代，此外 C-10（δ_C 82.8ppm）与 C-13（δ_C 77.3ppm）的化学位移值表明它们均为羟基取代。至此基本确定了该倍半萜为具有 4/6/5 三环结构的原依鲁烷型倍半萜。

　　进一步分析 HMBC 谱图中的剩余相关（图 4.15），确定了 2, 4-二羟基-6-甲基-苯甲酸片段的存在，此外根据 H-5 与 C-1′的相关确定其通过酯键与 C-5 位相连，最后确定的化合物平面结构与通过高分辨质谱得到的化合物结构式及不饱和度相符。

　　根据 **D-2** 的 ROESY 谱图（图 4.16）分析得到 H-5 与 H-8、H-9 与 H-8、H-9 与 H-14 的相关，表明 H-5、CH_3-8、H-9 及 CH_3-14 位于化合物同一侧。此外，H-10 与 H-15 相关，且 H-9 与 H-15 无相关表明 H-10 及 CH_3-15 位于相反一侧，如图 4.16 所示。但是通过 ROESY 谱图解析无法确定化合物中 C-4 及 C-13 的立体构型。

　　至此可确定化合物的平面结构，并进行准确的数据归属（表 4.2）。最后与文献[30]数据对比确定化合物为 melledonal A。

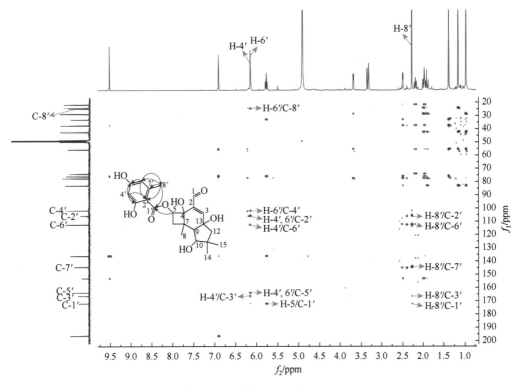

图 4.15　化合物 **D-2** 的 HMBC 谱图（局部放大二）（400MHz，MeOD）

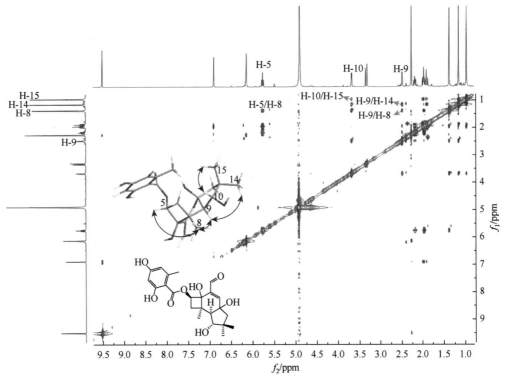

图 4.16　化合物 **D-2** 的 ROESY 谱图（400MHz，MeOD）

表 4.2　化合物 D-2 的 ^{1}H NMR（400MHz）和 ^{13}C NMR（100MHz）数据（MeOD）

序号	δ_C/ppm	δ_H/ppm（J/Hz）	序号	δ_C/ppm	δ_H/ppm（J/Hz）
1	196.4（d）	9.51（s）	13	77.3（s）	
2	136.0（s）		14	28.6（q）	1.16（s）
3	152.9（d）	6.90（s）	15	24.1（q）	0.97（s）
4	75.8（s）		1′	172.0（s）	
5	73.9（d）	5.76（t, 8.8）	2′	105.6（s）	
6	32.8（t）	1.95（m） 2.18（m）	3′	166.3（s）	
7	37.3（s）		4′	101.7（d）	6.14（s）
8	21.6（q）	1.38（s）	5′	163.8（s）	
9	55.5（d）	2.49（d, 3.9）	6′	112.4（d）	6.13（s）
10	82.8（d）	3.68（d, 3.9）	7′	144.4（s）	
11	42.3（s）		8′	24.6（q）	2.27（s）
12	55.2（t）	1.90（m） 1.98（m）			

4.2.2　青蒿素

根据青蒿素（artemisinin，**D-3**）的 HR-ESI-MS 确定其分子式为 $C_{15}H_{22}O_5$，不饱和度为 5。观察化合物 **D-3** 的 ^{1}H NMR 谱图（600MHz），其中化学位移 δ_H 5.82ppm 的单峰信号为一个含氧次甲基质子，单峰表明其只与季碳及氧相连；谱图中还存在 3 个甲基信号，其中 H-13（δ_H 1.39ppm）为单峰，表明 CH$_3$-13 与季碳相连，H-14（δ_H 0.96ppm）和 H-15（δ_H 1.16ppm）为 d 峰，J 分别为 6.6Hz 和 7.2Hz，表明 CH$_3$-14 和 CH$_3$-15 与不同的次甲基相连。此外，剩余的 12 个氢为饱和烷烃氢，H-2a（δ_H 2.38ppm）与 H-2b（δ_H 2.01ppm）为 ddd 峰，其余信号因重叠无法准确判断耦合常数，如图 4.17 所示。

结合 ^{13}C NMR 和 DEPT 谱图的信息（图 4.18），除去氘代氯仿的溶剂峰（δ_C 77.0～77.4ppm）后，可以确定化合物的 15 个碳信号，包括 3 个甲基（δ_C 12.6ppm，19.8ppm，25.2ppm）；4 个亚甲基（δ_C 23.4ppm，24.9ppm，33.6ppm，35.9ppm）；5 个次甲基（δ_C 32.9ppm，37.5ppm，45.0ppm，50.1ppm，93.7ppm），其中包括 1 个氧取代次甲基 C-11，其化学位移值 δ_C 93.7ppm 在相对较低场位置，结合 H-11 为单峰，推测 C-11 应该被 1 个季碳及 2 个氧取代；此外还有 3 个季碳，包括 1 个羰基 C-10（δ_C 172.1ppm）。

根据 HSQC 谱图确定化合物的碳氢一一对应关系（图 4.19）。

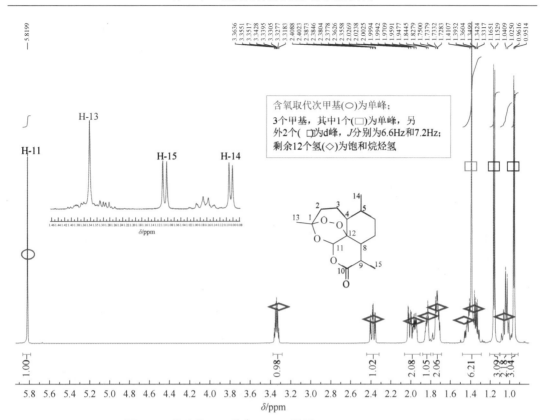

图 4.17　化合物 **D-3** 的 ^{1}H NMR 谱图（600MHz，CDCl$_3$）

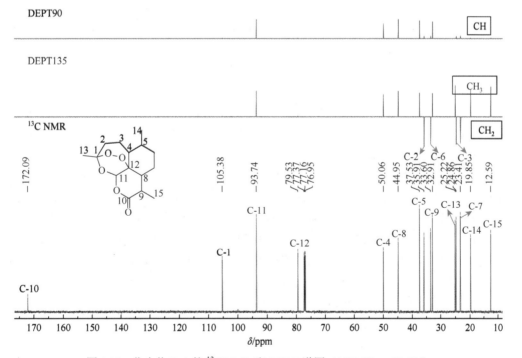

图 4.18　化合物 **D-3** 的 ^{13}C NMR 和 DEPT 谱图（150MHz，CDCl$_3$）

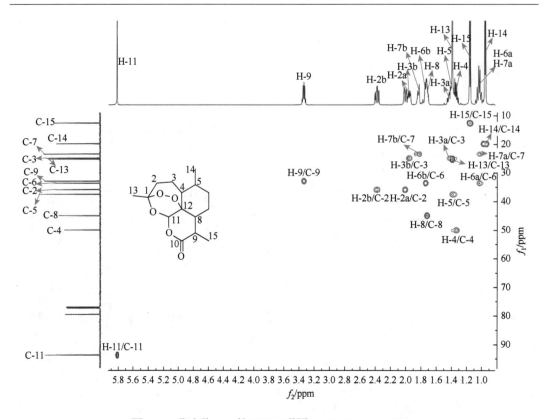

图 4.19　化合物 **D-3** 的 HSQC 谱图（600MHz，CDCl$_3$）

　　通过 ^{1}H-^{1}H COSY 谱图可以看到 H-2 与 H-3，H-3 与 H-4，H-5 与 H-4，H-5 与 H-6 和 H-14，H-7 与 H-6，H-8 与 H-7，H-9 与 H-8，H-9 与 H-15，H-9 与 H-10 的相关（图 4.20），表明 C-2 至 C-9 依次相连，以及 CH$_3$-14 与 C-5 相连，CH$_3$-15 与 C-9 相连。在倍半萜类化合物 ^{1}H NMR 谱图中的高场信号容易出现重叠，如化合物 **D-3** 中 H-6b 与 H-8、H-5 与 H-3a、H-6a 与 H-7a 的信号就存在部分及完全重叠现象。这给 ^{1}H-^{1}H COSY 谱图的解析带来了许多干扰，在实际解析过程中还需要借助对 HMBC 谱图的详细解析来确定化合物的正确结构。

　　对化合物 **D-3** 的 HMBC 谱图（图 4.21）进行解析。根据 H-9 与 C-8 和 C-10 的相关，H-8 与 C-10、C-11 和 C-12 的相关，H-11 与 C-10 和 C-12 的相关以及 C-11 的化学位移值（δ_C 93.7ppm）确定化合物中有吡喃酮片段的存在。同时根据 H-15 与 C-10 的相关，以及 HMBC 局部放大谱（图 4.22）中 H-15 与 C-9 和 C-8 的相关确定 CH$_3$-15 与 C-9 相连。根据图 4.21 中 H-4、H-7 和 H-8 与 C-12 的相关，以及图 4.22 中 H-8 与 C-4、H-7 与 C-5、H-6 与 C-8 的相关，确定存在一个与吡喃酮共用 C-8 及 C-12 的环己烷。此外，图 4.22 中 H-14 与 C-4、C-5 和 C-6 的相关表明 CH$_3$-14 与 C-5 相连。

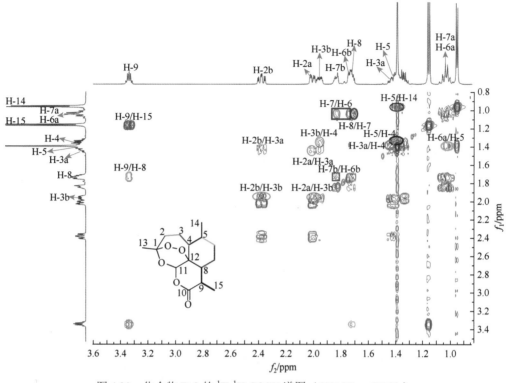

图 4.20　化合物 **D-3** 的 ^{1}H-^{1}H COSY 谱图（600MHz，CDCl$_3$）

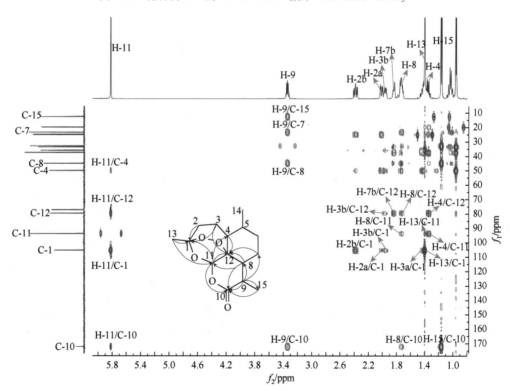

图 4.21　化合物 **D-3** 的 HMBC 谱图（600MHz，CDCl$_3$）

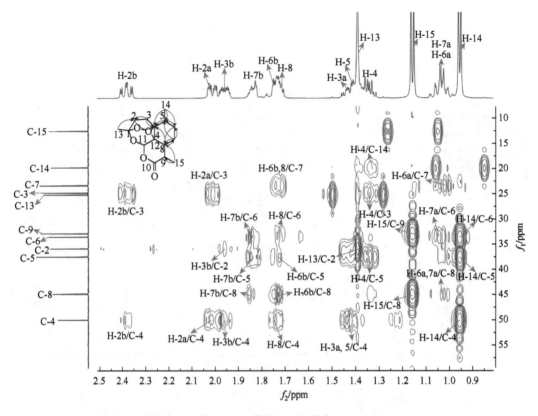

图 4.22　化合物 **D-3** 的 HMBC 谱图（局部放大）（600MHz，CDCl$_3$）

　　进一步根据图 4.21 中 H-2、H-3 和 H-11 与 C-1 的相关，H-3 与 C-12 的相关，H-11 与 C-4 的相关，图 4.22 中 H-2 和 H-3 与 C-4 的相关确定了一个 oxepane 片段的存在。根据图 4.21 中 H-13 与 C-1 和 C-11 的相关，以及图 4.22 中 H-13 与 C-2 的相关确定 CH$_3$-13 与 C-1 相连。依据 ^{13}C NMR 及 DEPT 谱图的信息可知 C-1 和 C-12 均为与氧相连的季碳，而 C-1（δ_C 105.4ppm）处在更为低场的位置，表明其应该不止与一个氧相连。基于以上推断并根据化合物准确分子量确定还有 2 个氧原子未进行归属，结合化合物的不饱和度确定剩余的 2 个氧原子在 C-1 和 C-12 间形成了一个过氧桥，至此化合物 **D-3** 的平面结构得以确定。这里需要强调的是，一般很难仅依靠 NMR 谱图确定过氧桥的存在，还要依靠质谱，特别是单晶 X 射线衍射才能准确鉴定。

　　对化合物 **D-3** 的 ROESY 谱图（图 4.23）进行分析，根据 H-4 与 H-14、H-8 与 H-4 以及 H-9 与 H-8 的相关表明 H-4、H-8、H-9 及 CH$_3$-14 在空间中位于同侧。根据 H-11 与 H-13 的相关，而且它们与 H-4、H-8、H-9 及 CH$_3$-14 均无相关，表明 H-11 和 CH$_3$-13 位于化合物另一侧。最后剩余 C-12 的空间构型则无法通过 NMR 进行判断，对 C-12 相对构型及化合物的绝对构型的确定需要通过其他方法进行。最后与文献[31]数据对比确定化合物为 artemisinin，并进行准确的数据归属（表 4.3）。

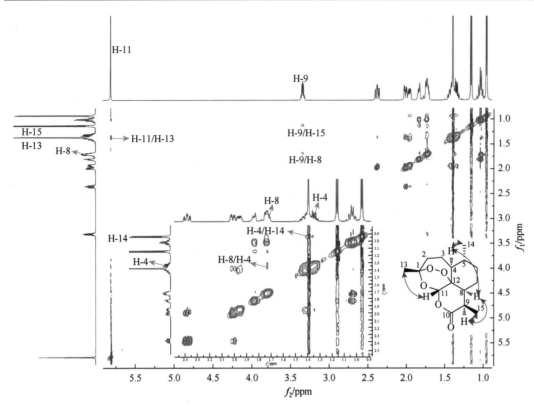

图 4.23　化合物 **D-3** 的 ROESY 谱图（600MHz，CDCl₃）

表 4.3　化合物 D-3 的 ^{1}H NMR（600MHz）和 ^{13}C NMR（150MHz）数据（CDCl₃）

序号	δ_C/ppm	δ_H/ppm（J/Hz）
1	105.4（s）	—
2	35.9（t）	2.38（ddd，4.2，13.2，17.4） 2.01（ddd，2.4，4.2，14.4）
3	24.9（t）	1.96（m） 1.44（m）
4	50.1（d）	1.35（m）
5	37.5（d）	1.41（m）
6	33.6（t）	1.75（m） 1.04（m）
7	23.4（t）	1.84（m） 1.02（m）
8	45.0（d）	1.73（m）
9	32.9（d）	3.34（m）
10	172.1（s）	—
11	93.7（d）	5.82（s）
12	79.5（s）	—
13	25.2（q）	1.39（s）

续表

序号	δ_C/ppm	δ_H/ppm（J/Hz）
14	19.8（q）	0.96（d，6.6）
15	12.6（q）	1.16（d，7.2）

4.2.3　expanstine A

根据 expanstine A（**D-4**）的 HR-ESI-MS 确定其分子式为 $C_{24}H_{32}O_5$，不饱和度为 9。观察化合物 **D-4** 的 ^{1}H NMR 谱图（600MHz），除去氘代氯仿溶剂峰（δ_H 7.26ppm）及一处杂质氢信号（δ_H 2.78～2.80ppm）外，包括不饱和氢信号 1 个（H-2′，δ_H 6.57ppm），为单峰，表明其为 1 个三取代双键且与季碳相连；含氧取代碳上质子信号 3 个，包括 1 个亚甲基 H-7′（2H）、一个次甲基 H-5′（1H），均为单峰，表明其未与含质子碳相连；4 个甲基的 12 个氢信号（δ_H 0.83ppm，0.88ppm，0.94ppm，2.06ppm），它们均为单峰，表明其都是季碳甲基，其中 H-9′（δ_H 2.06ppm）处于相对较低场位置，表明其可能与不饱和碳相连；此外剩余的 15 个氢信号均处于高场位置，为化合物中的饱和碳上的质子信号，其中部分氢信号重叠，给化合物解析带来困难，这也是萜类化合物核磁解析中普遍存在的难题，如图 4.24 所示。

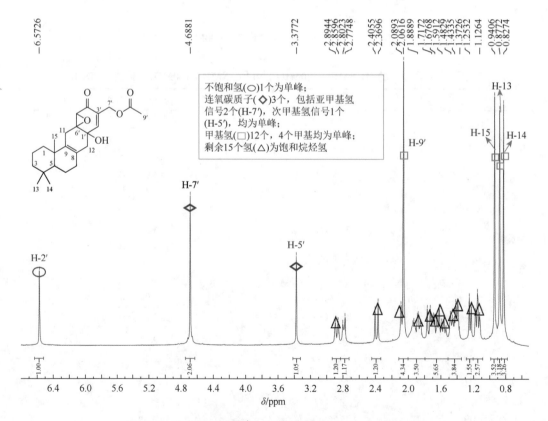

图 4.24　化合物 **D-4** 的 ^{1}H NMR 谱图（600MHz，$CDCl_3$）

通过对化合物 **D-4** 的 ^{13}C NMR 及 DEPT 谱图（图 4.25）分析可知化合物中共含有 24 个碳信号，包括 4 个甲基（δ_C 19.4ppm，20.9ppm，21.7ppm，33.2ppm）；8 个亚甲基（δ_C 18.8ppm，18.9ppm，27.1ppm，31.5ppm，36.1ppm，41.7ppm，44.6ppm，60.4ppm），其中 C-7′（δ_C 60.4ppm）为连氧亚甲基；3 个次甲基（δ_C 51.2ppm，62.2ppm，147.5ppm），其中 C-2′（δ_C 147.5ppm）为烯烃次甲基；9 个季碳（δ_C 33.3ppm，37.7ppm，63.3ppm，69.8ppm，121.9ppm，129.1ppm，136.1ppm，170.5ppm，193.5ppm），包括 2 个羰基 C-4′（δ_C 193.5ppm）和 C-8′（δ_C 170.5ppm），3 个烯烃季碳 C-8（δ_C 121.9ppm）、C-9（δ_C 136.1ppm）和 C-3′（δ_C 129.1ppm）。

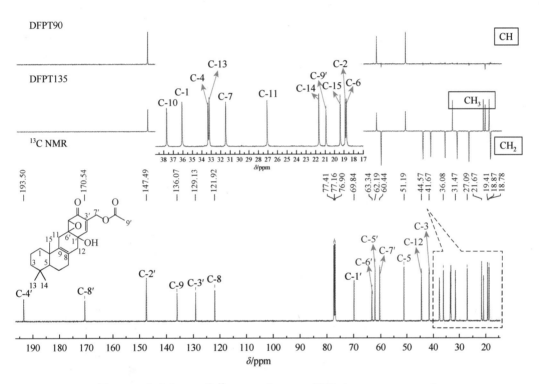

图 4.25　化合物 **D-4** 的 ^{13}C NMR 和 DEPT 谱图（150MHz，CDCl$_3$）

根据 HSQC 谱图确定了化合物的碳氢一一对应关系（图 4.26）。

对化合物 **D-4** 的 ^{1}H-^{1}H COSY 谱图（图 4.27）进行解析，其中 H-2 分别与 H-1a 及 H-3a 的相关表明 C-1/C-2/C-3 的连接，根据 H-5 与 H-6a 的相关确定 C-5 与 C-6 的连接，此外 H-6a 与 H-7 的相关表明 C-6 与 C-7 相连。但 **D-4** 的 ^{1}H NMR 谱图中 H-1a 与 H-3a、H-6a 与 H-3b 的重叠导致部分 ^{1}H-^{1}H COSY 相关无法准确判断，对于各个碳的连接还需要借助 HMBC 谱图的解析。

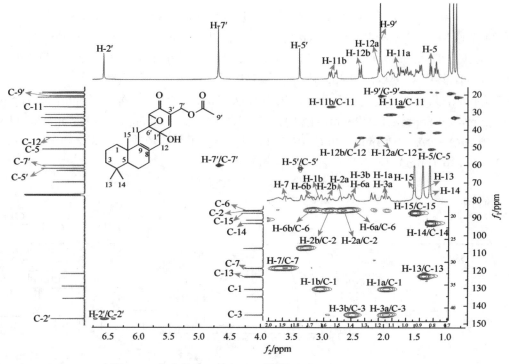

图 4.26　化合物 **D-4** 的 HSQC 谱图（600MHz，CDCl₃）

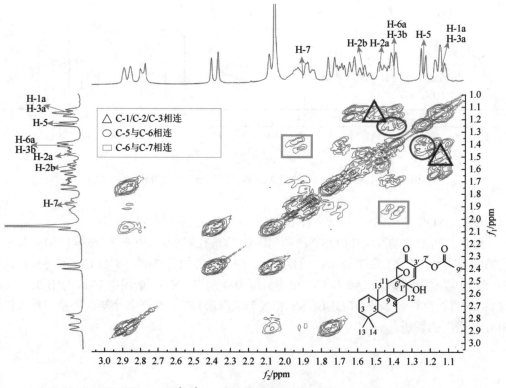

图 4.27　化合物 **D-4** 的 ¹H-¹H COSY 谱图（局部放大）（600MHz，CDCl₃）

对化合物 **D-4** 的 HMBC 谱图（图 4.28）及其局部放大谱图（图 4.29）进行解析。根据 HMBC 谱图中 H-1a 与 C-2 的相关，H-2a 与 C-10 的相关，H-3 与 C-2、C-4 和 C-5 的相关，H-5 与 C-4、C-7、C-9 和 C-10 的相关，H-6 与 C-4、C-5、C-7 和 C-10 的相关，H-7 与 C-8 的相关，H-11 与 C-8、C-9 和 C-10 的相关，H-12 与 C-7、C-8 和 C-9 的相关，H-13 和 H-14 分别与 C-3、C-4 和 C-5 的相关，CH₃-13 与 CH₃-14 的相关，H-15 与 C-1、C-5、C-9 和 C-10 的相关，同时结合 ¹H-¹H COSY 谱图证实了一个双环倍半萜片段的存在。

根据 HMBC 谱图中 H-2′与 C-3′、C-4′、C-6′和 C-7′的相关，H-5′与 C-3′、C-4′和 C-6′的相关，H-7′与 C-2′、C-3′和 C-4′的相关确定了环己烯酮片段的存在。根据 C-5′（δ_C 62.2ppm）和 C-6′（δ_C 63.3ppm）的化学位移值以及与文献[32]数据对比确定了 C-5′和 C-6′形成了一个环氧乙烷片段。根据 HMBC 谱图中 H-9′和 H-7′与 C-8′的相关，以及 C-7′（δ_C 60.4ppm）的化学位移值表明其与一个乙酰基通过酯键相连。根据 HMBC 谱图中 H-12 和 H-11 分别与 C-1′和 C-6′的相关，以及 H-5′与 C-11 的相关确定倍半萜片段和环己烯酮部分是通过 C-11 和 C-12 分别与 C-6′和 C-1′之间的 C—C 键相连接。此外，C-1′的化学位移值 δ_C 69.8ppm 表明其与一个羟基相连。因此，化合物 **D-4** 的平面结构被确定为一个倍半萜-环氧环己烯酮的聚合物。

对 ROESY 谱图（图 4.30）进行分析，H-15 与 H-14、H-11a 与 H-15 以及 H-5′与 H-11a 的 NOE 相关表明 H-14、H-15 以及 H-5′位于同侧，而 H-13 与 H-5 的 NOE 相关则表明 H-13 和 H-5 位于相反侧。而 C-1′的相对构型则无法根据 2D NMR 进行有效判断。最后对化合物 **D-4** 进行了准确的数据归属（表 4.4）。

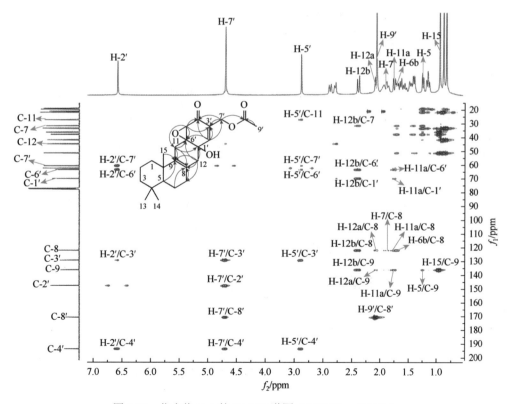

图 4.28　化合物 **D-4** 的 HMBC 谱图（600MHz，CDCl₃）

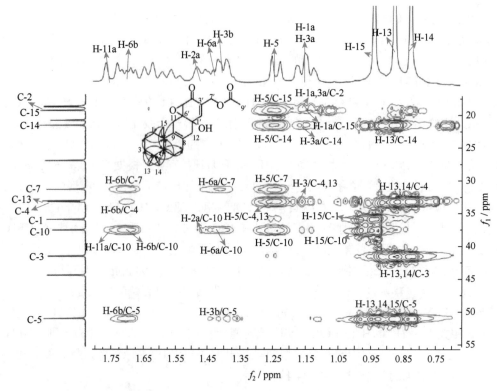

图 4.29　化合物 **D-4** 的 HMBC 谱图（局部放大）（600MHz，CDCl₃）

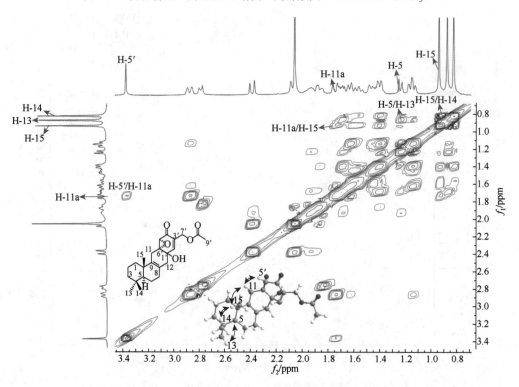

图 4.30　化合物 **D-4** 的 ROESY 谱图（局部放大）（600MHz，CDCl₃）

表 4.4　化合物 D-4 的 ^{1}H NMR（600MHz）和 ^{13}C NMR（150MHz）数据（CDCl$_3$）

序号	δ_C/ppm	δ_H/ppm（J/Hz）	序号	δ_C/ppm	δ_H/ppm（J/Hz）
1	36.1（t）	1.15（m） 1.64（m）	13	33.2（q）	0.88（s）
2	18.9（t）	1.46（m） 1.57（m）	14	21.7（q）	0.83（s）
3	41.7（t）	1.15（m） 1.40（m）	15	19.4（q）	0.94（s）
4	33.3（s）		1′	69.8（s）	
5	51.2（d）	1.24（d, 15.0）	2′	147.5（d）	6.57（s）
6	18.8（t）	1.42（m） 1.70（m）	3′	129.1（s）	
7	31.5（t）	1.87～1.93（m, 2H）	4′	193.5（s）	
8	121.9（s）		5′	62.2（d）	3.38（s）
9	136.1（s）		6′	63.3（s）	
10	37.7（s）		7′	60.4（t）	4.69（s）
11	27.1（t）	1.75（d, 21.0） 2.88（d, 21.0）	8′	170.5（s）	
12	44.6（t）	2.08（overlapped） 2.40（d, 21.6）	9′	20.9（q）	2.06（s）

4.3　二萜类化合物的核磁特征及核磁共振图解实例

二萜类化合物（diterpenoid）是指分子中含有四个异戊二烯单元的萜烯及其衍生物。二萜类化合物都由焦磷酸香叶基香叶酯（GGPP）衍生而来，链状二萜在自然界中存在很少，几乎都是以环状结构存在。二萜类化合物广泛存在于植物中，特别在植物分泌的乳液及树脂中大量存在。许多二萜类化合物都具有多样的生物活性，如紫杉醇、银杏内酯、丹参酮等，其中部分二萜类化合物已被开发为重要的临床药物。近年来，越来越多的二萜类化合物从海洋生物及微生物代谢产物中被发现。二萜类化合物骨架按成环情况可分为链状型、单环型、双环型、三环型、四环型及五环型等，天然链状及单环二萜类化合物及其衍生物较少，而以双环及三环最多。

二萜类化合物种类繁多，每个骨架类型的二萜都具有其独特的核磁特征。吴立军[33]等对卡萨烷型、内酯型及紫杉烷型二萜化合物核磁特征进行了详细总结。本节将对一个紫杉烷型二萜化合物进行详细的核磁数据解析。

根据化合物 taxinine 紫杉宁（**D-5**）的 HR-ESI-MS 确定其分子式为 $C_{35}H_{42}O_9$，不饱和度为 15。对化合物 **D-5** 的 ^{1}H NMR 谱图（600MHz）进行分析，除去氘代氯仿溶剂峰（δ_H 7.26ppm）及化合物的氢信号，谱中还存在一处杂质氢信号（δ_H 1.62ppm）。在低场位置，H-2′, 6′（δ_H 7.76ppm, 2H, d, J = 7.3Hz）、H-3′, 5′（δ_H 7.45ppm, 2H, overlapped）和 H-4′（δ_H 7.41ppm, 1H, overlapped）为单取代苯环的特征信号，因此可推测化合物中

存在一个单取代苯环；H-7′（δ_{H} 7.66ppm，1H，d，$J = 15.8$Hz）和 H-8′（δ_{H} 6.43ppm，1H，d，$J = 15.8$Hz）具有相同的 J 值，表明它们为 1, 2-二取代双键，同时根据其较大的耦合常数判断为反式双键；此外在 δ_{H} 4.85～6.05ppm 范围内还存在 7 个质子信号，推测其为含氧取代次甲基及端烯的氢信号，其中 H-10（δ_{H} 6.04ppm，1H，d，$J=10.2$Hz）和 H-9（δ_{H} 5.89ppm，1H，d，$J = 10.2$Hz）均为 d 峰且 J 值相同，表明它们直接相连而且分别与季碳连接。在高场区存在 7 个甲基的单峰信号，其中包括 3 个乙酰甲基（δ_{H} 2.07ppm，2.06ppm，2.05ppm），此外还有 8 个饱和烷烃氢信号，如图 4.31 所示。

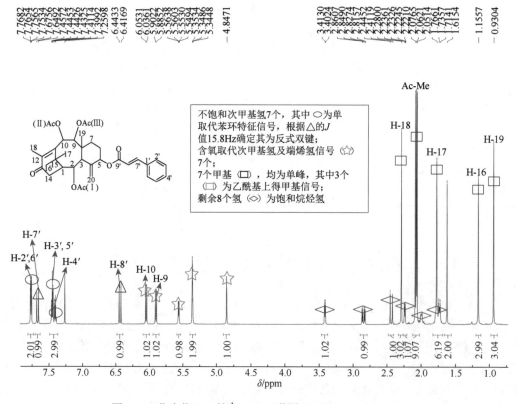

图 4.31　化合物 **D-5** 的 ^{1}H NMR 谱图（600MHz，CDCl₃）

　　通过对 ^{13}C NMR 及 DEPT 谱图（图 4.32）分析可知化合物中共含有 35 个碳信号，包括 7 个甲基（δ_{C} 14.1ppm，17.6ppm，20.8ppm，21.0ppm，21.5ppm，25.4ppm，37.5ppm）；4 个亚甲基（δ_{C} 27.7ppm，28.5ppm，36.2ppm，117.4ppm），其中 C-20（δ_{C} 117.4ppm）为端烯亚甲基；13 个次甲基，其中包括不饱和次甲基 7 个（δ_{C} 118.0ppm，128.6ppm，128.6ppm，129.1ppm，129.1ppm，130.5ppm，145.9ppm），4 个连氧次甲基（δ_{C} 69.8ppm，73.6ppm，76.1ppm，78.4ppm），以及 2 个饱和次甲基（δ_{C} 43.4ppm，48.8ppm）；11 个季碳，其中 5 个（δ_{C} 166.4ppm，169.6ppm，169.8ppm，170.0ppm，199.6ppm）为羰基，4 个（δ_{C} 134.7ppm，138.2ppm，142.2ppm，150.8ppm）为不饱和季碳，此外剩余 2 个高场季碳（δ_{C} 37.8ppm，44.6ppm）。

　　根据 HSQC 谱图确定了化合物的碳氢一一对应关系（图 4.33）。

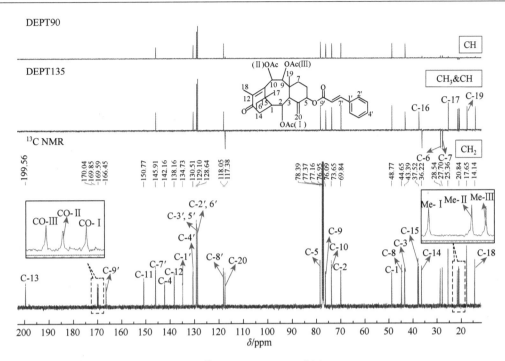

图 4.32 化合物 **D-5** 的 ^{13}C NMR 和 DEPT 谱图（150MHz，CDCl$_3$）

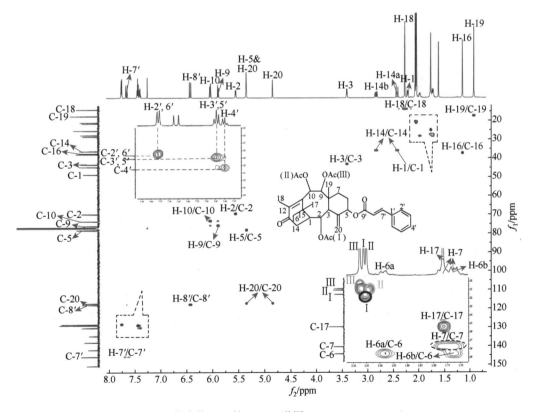

图 4.33 化合物 **D-5** 的 HSQC 谱图（600MHz，CDCl$_3$）

对化合物 **D-5** 的 ^{1}H-^{1}H COSY 谱图（图 4.34）进行分析。根据 H-2 与 H-1、H-2 与 H-3、H-14b 与 H-1 的相关确定 C-14/C-1/C-2/C-3 的连接；根据 H-5 与 H-6a 和 H-6b、H-6a 与 H-7a 和 H-7b 的相关确定 C-5/C-6/C-7 的连接；根据 H-9 与 H-10 的相关确定 C-9 与 C-10 的连接；根据 H-2′,6′ 与 H-3′,5′ 的相关，以及 H-3′,5′ 与 H-4′ 的相关可以确定单取代苯环的存在；根据 H-7′ 与 H-8′ 的相关，确定 C-7′ 与 C-8′ 的连接。由于 ^{1}H NMR 中 H-6b 与 H-7b 信号的重叠，H-6b 与 H-7ab 的 ^{1}H-^{1}H COSY 相关无法准确判断。

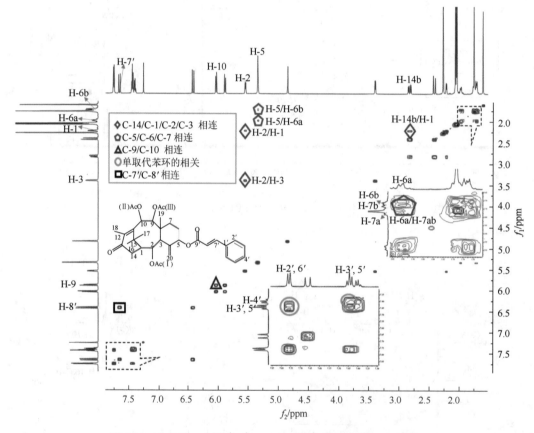

图 4.34 化合物 **D-5** 的 ^{1}H-^{1}H COSY 谱图（600 MHz，CDCl$_3$）

对化合物 **D-5** 的 HMBC（图 4.35）及其部分放大谱图（图 4.36）进行分析，根据 H-1 与 C-14、C-15 和 C-11 的相关，H-14 与 C-1、C-12、C-13 和 C-15 的相关，H-18 与 C-11、C-12 和 C-13 的相关确定一个环己烯酮片段的存在，且 C-12 位上被 CH$_3$-18 取代。此外，根据 H-16 和 H-17 与 C-1、C-11 和 C-15 的相关确定 C-15 被 CH$_3$-16 和 CH$_3$-17 所取代。根据图 4.35 中 H-3 与 C-8 和 C-19 的相关，H-9 与 C-8 的相关，H-10 与 C-5 的相关，H-18 与 C-10 的相关，H-19 与 C-9 的相关，以及图 4.37 中 H-10 与 C-11 和 C-12 的相关，同时结合 ^{1}H-^{1}H COSY 谱图分析结果确定化合物中存在一个八元环片段，HMBC 谱图中其他相关与所推测的片段吻合。此外，根据 C-2（δ_C 69.8ppm）、C-9（δ_C 76.1ppm）和 C-10（δ_C 73.6ppm）的化学位移可推断其均受到氧原子的诱导去

屏蔽效应。进一步根据图 4.35 中 H-3 与 C-4、C-5、C-7 和 C-20，H-5 与 C-3 和 C-7，
H-6 与 C-4 和 C-5，以及 H-9 与 C-7 的相关，图 4.36 中 H-6 与 C-8，以及 H-7 与 C-3、
C-6、C-8 和 C-19 的相关，图 4.37 中 H-5 和 H-20 与 C-4 的相关，结合 ^{1}H-^{1}H COSY
谱图的解析确定一个甲烯基环己烷与八元环相连，此外 C-5（δ_C 78.4ppm）的化学位
移表明其为氧取代次甲基。因此化合物中 6/8/6 三环二萜骨架被基本确定。

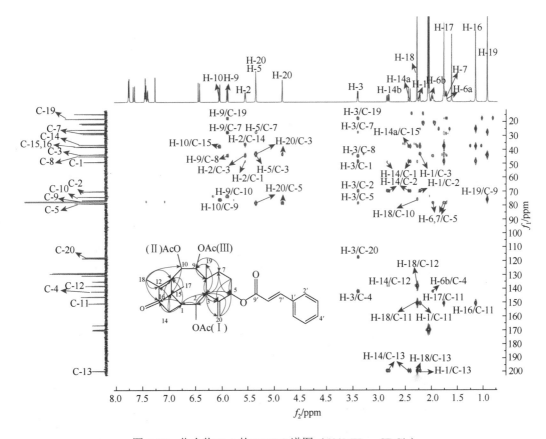

图 4.35 化合物 **D-5** 的 HMBC 谱图（600MHz，CDCl$_3$）

进一步对化合物 **D-5** 的 HMBC 谱图（图 4.35～图 4.37）进行分析，根据 H-7′与
C-2′、C-6′和 C-9′的相关，H-8′与 C-1′和 C-9′的相关，以及 ^{1}H-^{1}H COSY 谱图的解析结
果确定了苯乙烯酸片段的存在。根据 HMBC 谱图中 H-5 与 C-9′的相关确定苯乙烯酸与
C-5 通过酯键相连，HMBC 谱图中其他相关与所推测结构相符。此外，根据图 4.38 中
CH$_3$-Ⅰ与 CO-Ⅰ和 C-2，以及 H-2 与 CO-Ⅰ的 HMBC 相关，确定了 AcO-Ⅰ连接在 C-2
上。此外，AcO-Ⅱ和 AcO-Ⅲ也根据相应的 HMBC 相关进行了确定。至此化合物 **D-5**
的平面结构被确定。

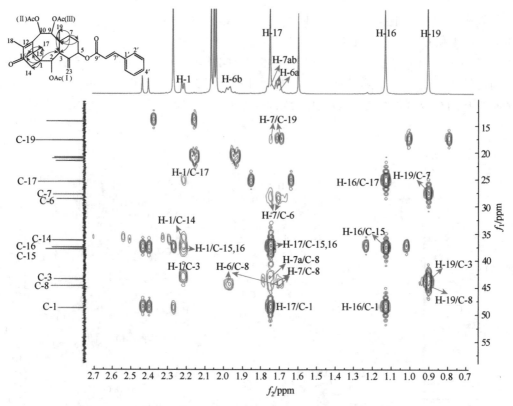

图 4.36　化合物 **D-5** 的 HMBC 谱图（局部放大一）（600MHz，CDCl$_3$）

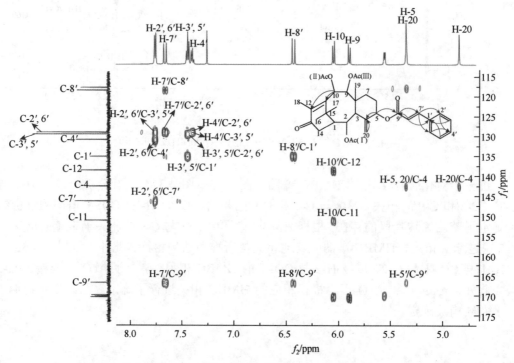

图 4.37　化合物 **D-5** 的 HMBC 谱图（局部放大二）（600 MHz，CDCl$_3$）

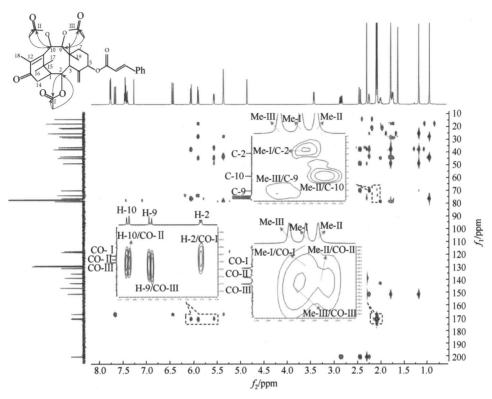

图 4.38　化合物 **D-5** 的 HMBC 谱图（局部放大三）（600MHz，CDCl₃）

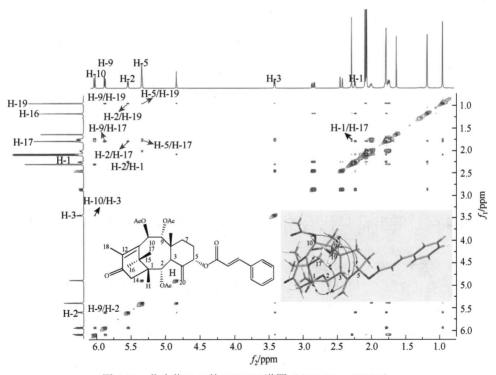

图 4.39　化合物 **D-5** 的 ROESY 谱图（600MHz，CDCl₃）

对化合物 **D-5** 的 ROESY 谱图（图 4.39）进行分析，其中 H-1 与 H-2，H-9 与 H-2、H-9 与 H-19 和 H-17，H-5 与 H-19 和 H-17，H-2 与 H-17 的 NOE 相关表明 H-1、H-2、H-5、H-9、CH$_3$-17 以及 CH$_3$-19 位于相同一侧，而 H-10 与 H-3 的 NOE 相关表明 H-10 和 H-3 位于相反侧，由此可确定 **D-5** 各手性碳的相对构型。化合物 **D-5** 的准确 NMR 数据如表 4.5 所示，与文献[34, 35]基本一致。

表 4.5　化合物 D-5 的 ^{1}H NMR（600MHz）和 ^{13}C NMR（150MHz）数据（CDCl$_3$）

序号	δ_C/ppm	δ_H/ppm（J/Hz）	序号	δ_C/ppm	δ_H/ppm（J/Hz）
1	48.8（d）	2.23（dd, 6.8, 1.6）	18	14.1（q）	2.28（s）
2	69.8（d）	5.56（dd, 6.6, 1.8）	19	17.6（q）	0.93（s）
3	43.4（d）	3.41（d, 6.4）	20	117.4（t）	5.35（s） 4.85（s）
4	142.2（s）	—	1′	134.7（s）	—
5	78.4（d）	5.35（s）	2′, 6′	128.6（d）	7.76（d, 7.3）
6	28.5（t）	1.99（m） 1.72（m）	3′, 5′	129.1（d）	7.45（overlapped）
7	27.7（t）	1.77（m） 1.72（m）	4′	130.5（d）	7.41（overlapped）
8	44.6（s）	—	7′	145.9（d）	7.66（d, 15.8）
9	76.1（d）	5.89（d, 10.2）	8′	118.0（d）	6.43（d, 15.8）
10	73.6（d）	6.04（d, 10.2）	9′	166.4（s）	—
11	150.8（s）	—	Ac(Ⅰ)-CO	169.6（s）	—
12	138.2（s）	—	Ac(Ⅰ)-Me	21.5（q）	2.06（s）
13	199.6（s）	—	Ac(Ⅱ)-CO	169.8（s）	—
14	36.2（t）	2.84（dd, 19.9, 6.3） 2.43（d, 19.9）	Ac(Ⅱ)-Me	21.0（q）	2.05（s）
15	37.8（s）	—	Ac(Ⅲ)-CO	170.0（s）	—
16	37.5（q）	1.16（s）	Ac(Ⅲ)-Me	20.8（q）	2.07（s）
17	25.4（q）	1.77（s）			

4.4　二倍半萜类化合物的核磁特征及核磁共振图解实例

二倍半萜类化合物（sesterterpenoid）是指分子由 5 个异戊二烯单元构成，骨架中含有 25 个碳的一类化合物。二倍半萜类化合物都由焦磷酸香叶基金合欢酯（GFPP）衍生而来，二倍半萜类化合物多为结构复杂的多环化合物。二倍半萜类化合物数量较其他萜类化合物少，目前仅有为数不多的二倍半萜类化合物被从植物、微生物、海洋生物及昆虫分泌物分离得到。本节将对一种具有 5/6/5/6/5 五环骨架的二倍半萜类化合物进行详细的核磁数据解析。

根据 peniroquesine A（**D-6**）的 HR-ESI-MS 确定其分子式为 $C_{25}H_{40}O_2$，不饱和度为 6。对化合物 **D-6** 的 ^{1}H NMR 谱图（600MHz）（图 4.40）进行分析，δ_H 7.26ppm 为氘代氯仿溶剂峰；化合物中含有 6 个甲基信号 [δ_H 1.14ppm（CH$_3$-23），1.12ppm（CH$_3$-22），0.93ppm（CH$_3$-24），0.90ppm（CH$_3$-21），0.86ppm（CH$_3$-25），0.77ppm（CH$_3$-20）]，其中 CH$_3$-20 的 d 峰表明其与次甲基相连，其余甲基的单峰表明它们均连接在季碳上；2 个含氧取代次甲基的信号 [δ_H 3.62ppm（H-12，dd，J = 12.0Hz，3.6Hz），3.39ppm（H-8）]；以及 1 个烯烃次甲基信号 H-1（δ_H 5.52ppm）；此外剩余 17 个质子信号为饱和烷烃氢信号。

通过对 ^{13}C NMR 和 DEPT 谱图（图 4.41）分析可知除去疑似甲醇的杂质碳信号（δ_C 50.3ppm），化合物中共含有 25 个碳信号，包括 6 个甲基 [33.0ppm（C-23），30.0ppm（C-24），24.4ppm（C-25），19.9ppm（C-22），18.5ppm（C-21），13.7ppm（C-20）]；6 个亚甲基 [δ_C 44.5ppm（C-13），41.8ppm（C-9），41.7ppm（C-16），39.9ppm（C-17），30.0ppm（C-4），25.2ppm（C-5）]；8 个次甲基 [δ_C 133.8ppm（C-1），74.5ppm（C-12），72.1ppm（C-8），57.4ppm（C-18），56.2ppm（C-6），53.2ppm（C-14），51.4ppm（C-10），38.9ppm（C-3）]，其中 C-1 为不饱和次甲基，C-8 和 C-12 为含氧取代次甲基；5 个季碳 [δ_C 147.0ppm（C-2），49.2ppm（C-11），47.2ppm（C-7），43.4ppm（C-19），42.6ppm（C-15）]，其中 C-2 为烯烃季碳。

根据 HSQC 谱确定了化合物的碳氢一一对应关系（图 4.42 和图 4.43）。

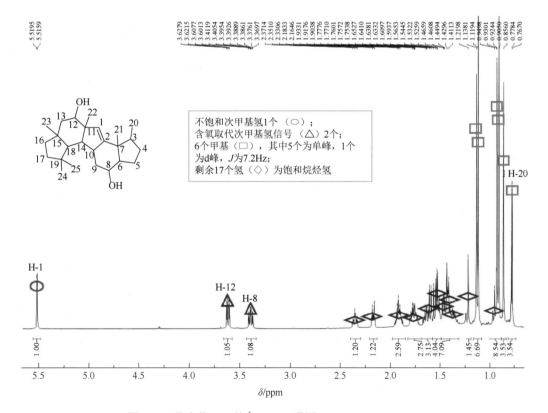

图 4.40　化合物 **D-6** 的 ^{1}H NMR 谱图（600MHz，CDCl$_3$）

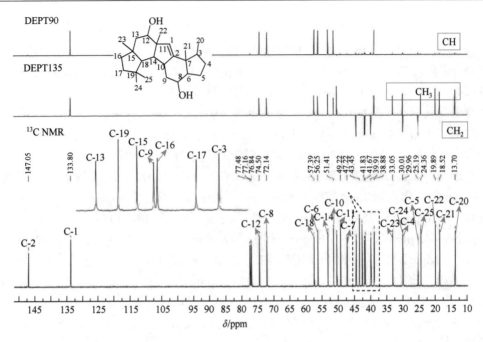

图 4.41　化合物 **D-6** 的 ^{13}C NMR 谱图（150MHz，CDCl₃）

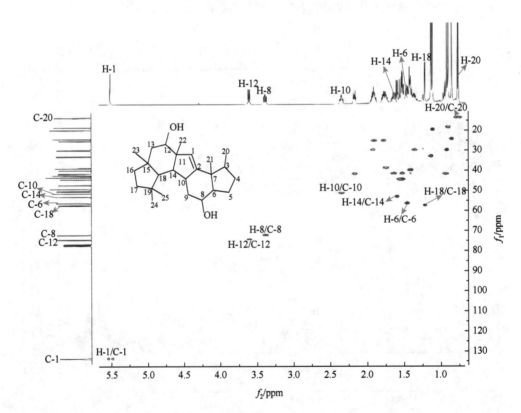

图 4.42　化合物 **D-6** 的 HSQC 谱图（600MHz，CDCl₃）

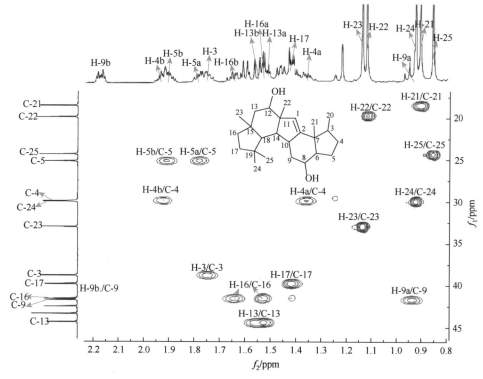

图 4.43　化合物 **D-6** 的 HSQC 谱图（局部放大）（600MHz，CDCl$_3$）

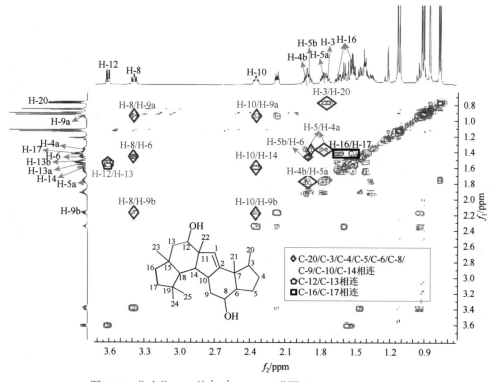

图 4.44　化合物 **D-6** 的 ^{1}H-^{1}H COSY 谱图（600MHz，CDCl$_3$）

对化合物 **D-6** 的 ¹H-¹H COSY 谱图（图4.44）进行分析。根据 CH₃-20/H-3/H-4/H-5/H-6/ H-8/H-9/H-10/H-14，H-12/H-13 以及 H-16/H-17 的相关可以确定 C-20/C-3/C-4/C-5/C-6/C-8/ C-9/C-10/C-14，C-12/C-13 和 C-16/C-17 三个自旋耦合体系。

通过对化合物 **D-6** 的 HMBC（图4.45）及其部分放大谱图（图4.46 和图4.47）的分析确定了化合物的平面结构。1,1-二甲基环戊烷环（A 环）的存在通过 H-23 与 C-16、C-15、C-18 和 C-13，H-24 与 C-17、C-19、C-18 和 C-25，H-25 与 C-17、C-19、C-18 和 C-24，以及 H-16 和 H-17 与 C-15、C-18 和 C-19 的 HMBC 相关确定。虽然从 ¹H-¹H COSY 谱中并未观察到 H-14 和 H-18 的相关，但是 C-18 和 C-14 的直接相连可以从 H-14 与 C-18 和 C-19 的 HMBC 相关得以证实。再结合 H-22 与 C-1、C-12、C-11 和 C-14，H-13 与 C-15、C-16、C-18、C-23、C-12 和 C-11；H-12 与 C-13、C-15、C-11 和 C-14，H-18 与 C-11、C-15、C-14 和 C-13，以及 H-14 与 C-11 和 C-12 的 HMBC 相关表明化合物中含有一个六元 B 环。此外，C-12 的化学位移值为 δ_C 74.5ppm 表明一个羟基连接在 C-12 上。

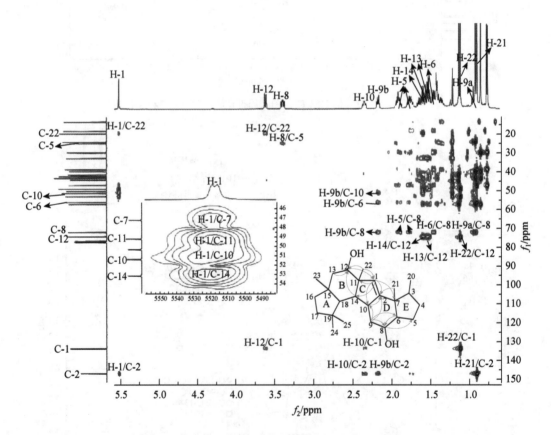

图4.45 化合物 **D-6** 的 HMBC 谱图（600MHz，CDCl₃）

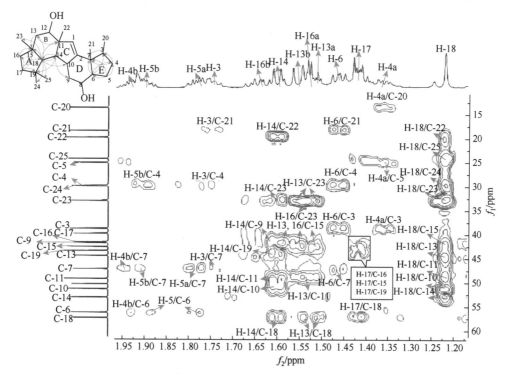

图 4.46　化合物 **D-6** 的 HMBC 谱图（局部放大一）

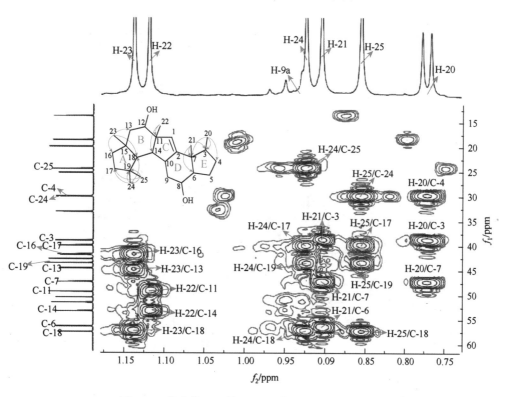

图 4.47　化合物 **D-6** 的 HMBC 谱图（局部放大二）

根据 HMBC 谱图中 H-1 与 C-2、C-10、C-11 和 C-14，H-10 与 C-1 和 C-2，H-14 与 C-11，H-22 与 C-1、C-11 和 C-14，以及 H-10 与 C-1、C-2 和 C-14 的相关显示了一个环戊烯环（C 环）的存在，且 CH$_3$-22 与 C-11 相连。而 H-21 与 C-2、C-7 和 C-6，H-8 与 C-6 和 C-7，H-9 与 C-10、C-2、C-8 和 C-6 的 HMBC 相关证实了 D 环为环己烷环，且 C-8 的化学位移值 δ_C 72.1ppm 表明一个羟基与 C-8 相连。甲基环戊烷环（E 环）则是根据 HMBC 谱图中 H-21 与 C-2、C-3、C-6 和 C-7，H-20 与 C-3、C-7 和 C-4，H-3 与 C-7 和 C-6，H-4 与 C-7 和 C-3，以及 H-5 与 C-3、C-7 和 C-6 等一系列相关确定。至此，化合物的平面结构被确认为一个 5-6-5-6-5 五环二倍半萜。

化合物 **D-6** 的相对构型是通过对 ROESY 谱图（图 4.48）的分析来确定的，H-23 与 H-12 和 H-18，H-18 与 H-24 和 H-10，H-10 与 H-8 和 H-3，以及 H-8 与 H-3 的 NOE 相关表明这些质子位于 α 位。而 H-14 和 H-20 与 H-25，H-14 与 H-22，H-20 与 H-21，以及 H-21 与 H-6 的 NOE 相关则表明这些质子位于 β 位。至此，化合物的相对构型被确定，进一步对其绝对构型的确定需要借助单晶 X 射线衍射数据或其他化学方法。通过与文献[36]数据的对比确定化合物为 peniroquesine A，其准确 NMR 数据如表 4.6 所示。

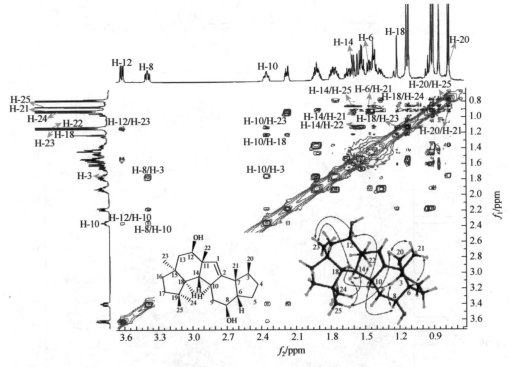

图 4.48　化合物 **D-6** 的 ROESY 谱图（600MHz，CDCl$_3$）

表 4.6　化合物 D-6 的 ^{1}H NMR（600MHz）和 ^{13}C NMR（150MHz）数据（CDCl$_3$）

序号	δ_C/ppm	δ_H/ppm（J/Hz）	序号	δ_C/ppm	δ_H/ppm（J/Hz）
1	133.8（d）	5.52（d，1.8）	3	38.9（d）	1.75（m）
2	147.0（s）	—	4	30.0（t）	1.37（m） 1.91（m）

续表

序号	δ_C/ppm	δ_H/ppm（J/Hz）	序号	δ_C/ppm	δ_H/ppm（J/Hz）
5	25.2（t）	1.76（m） 1.90（m）	16	41.7（t）	1.53（m） 1.65（m）
6	56.2（d）	1.46（m）	17	39.9（t）	1.43（m，2H）
7	47.2（s）	—	18	57.4（d）	1.22（s）
8	72.1（d）	3.39（m）	19	43.4（s）	—
9	41.8（t）	0.95（m） 2.17（m）	20	13.7（q）	0.77（d，7.2）
10	51.4（d）	2.35（m）	21	18.5（q）	0.90（s）
11	49.2（s）	—	22	19.9（q）	1.12（s）
12	74.5（d）	3.62（dd，12.0，3.6）	23	33.0（q）	1.14（s）
13	44.5（t）	1.55（m，2H）	24	30.0（q）	0.93（s）
14	53.2（d）	1.60（m）	25	24.4（q）	0.86（s）
15	42.6（s）	—			

4.5　三萜类化合物的核磁特征及核磁共振图解实例

　　三萜类化合物（triterpenoid）是指分子由 6 个异戊二烯单元构成，骨架中含有 30 个碳原子的一类化合物。三萜类化合物都由焦磷酸金合欢酯尾尾缩合得到的鲨烯经过不同途径环合衍生而来，已发现的三萜类化合物多为四环和五环骨架化合物，也有链状、单环、双环和三环。三萜及其苷类化合物表现出很好的生物活性，如抑菌、抗癌等，因此对三萜类化合物的研究受到了广泛关注。三萜化合物为萜类化合物中结构最为复杂、解析过程最为烦琐的类型。不同结构类型的三萜类化合物都具有自己独特的特点，文献[37]对部分骨架类型的三萜化合物 NMR 特征进行了总结。本节将以桦木醇为例对其进行详细的核磁数据解析。

　　根据化合物桦木醇 betulin（D-7）的 HR-ESI-MS 确定其分子式为 $C_{30}H_{50}O_7$，符合异戊二烯规则，推测为三萜类化合物，不饱和度为 6。观察 ^{1}H NMR 谱图（600 MHz），溶剂氘代 DMSO 的信号峰在 δ_H 2.50ppm，3.33ppm 左右的宽信号峰是水峰。

　　化合物 D-7 的 ^{1}H NMR 谱图以氘代 DMSO 为溶剂，在氢谱低场位置出现两个活泼氢信号（δ_H 4.26ppm，4.22ppm），结合分子式考虑应该为两个羟基；此外，观察到一组烯烃质子信号（δ_H 4.66ppm，4.53ppm），3 个含氧取代碳上质子信号（δ_H 3.51ppm，3.07ppm，2.97ppm），还有 6 个甲基的氢信号（δ_H 1.63ppm，0.92ppm，0.97ppm，0.76ppm，0.65ppm，0.87ppm），6 个甲基均为单峰，表明其均与季碳直接连接。此外，剩余的 25 个氢为饱和烷烃氢，由于氢信号较多，且重叠严重无法准确判断其耦合情况，如图 4.49 所示。

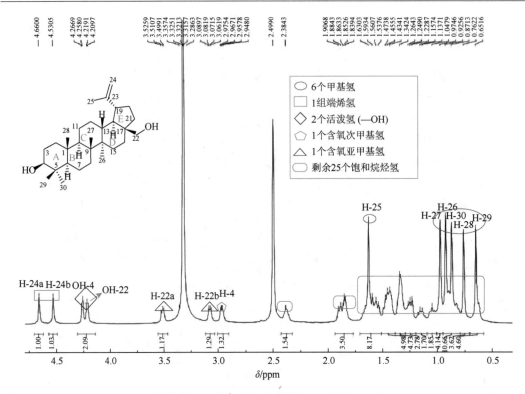

图 4.49　化合物 **D-7** 的 ^{1}H NMR 谱图 （600MHz，DMSO-d_6）

结合 ^{13}C NMR 和 DEPT 谱图的信息（图 4.50），除去氘代 DMSO 的七重溶剂峰（δ_{C} 39.10～39.94ppm）后，可以确定化合物的 30 个碳信号包括 6 个甲基（δ_{C} 14.5ppm，15.7ppm，15.8ppm，15.9ppm，18.7ppm，28.1ppm）；12 个亚甲基的信号，其中 C-24 化学位移值 δ_{C} 109.6ppm 处在相对较低场位置，通过 HSQC 谱图（图 4.51）并结合 H-24 为单峰表明 C-24 应该为端烯亚甲基，还包括 1 个氧取代亚甲基 C-22，其化学位移值 δ_{C} 57.9ppm；6 个次甲基（δ_{C} 36.7ppm，47.3ppm，48.2ppm，49.8ppm，54.8ppm，76.8ppm），其中包括 1 个含氧次甲基 C-4（δ_{C} 76.8ppm）；此外还有 6 个季碳，包括 1 个不饱和烯烃碳 C-23（δ_{C} 150.4ppm）。结合核磁数据与不饱和度考虑，除去 1 个不饱和双键外无其他不饱和信号，表明该化合物为五环三萜。

根据 HSQC 谱确定了化合物的碳氢一一对应关系（图 4.51 和图 4.52）。

通过 ^{1}H-^{1}H COSY 谱图可以观察到 H-2a 与 H-3、H-3 与 H-4 的相关，表明 C-2/C-3/C-4 的连接。H-6 和 H-7a 与 H-7b 的相关及 H-8 与 H-7b 的相关表明 C-6/C-7/C-8 的连接。H-16a 和 H-15a 与 H-15b 的相关及 H-15a 与 H-16b 的相关，表明 C-15 与 C-16 连接。H-11b 与 H-10 和 H-12a 的相关，H-12a 与 H-13 的相关，H-19 与 H-18、H-20a、H-20b 的相关，以及 H-21b 与 H-20a 和 H-20b 的相关，表明存在 C-10/C-11/C-12/C-13/C-18/C-19/C-20/C-21 的连接片段。另外，由于一些亚甲基存在 ^{2}J 耦合，因此在 ^{1}H-^{1}H COSY 谱图中同样能观察到类似相关，如图 4.53 所示。

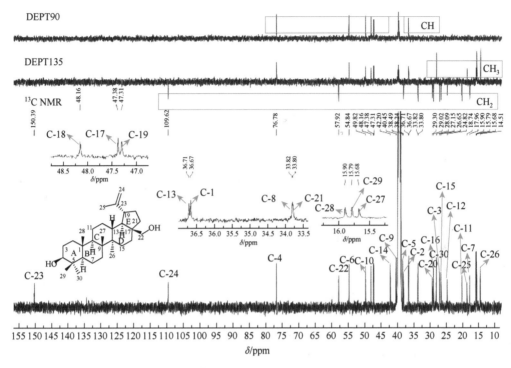

图 4.50　化合物 **D-7** 的 ^{13}C NMR 和 DEPT 谱图（150MHz，DMSO-d_6）

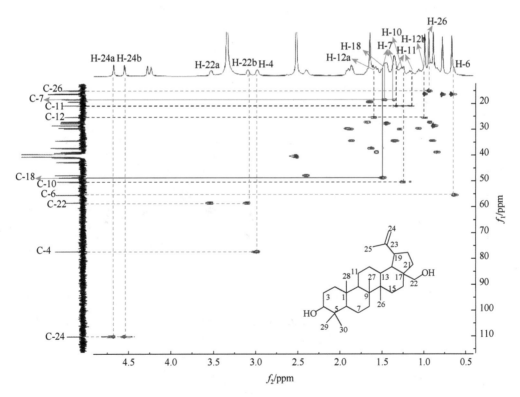

图 4.51　化合物 **D-7** 的 HSQC 谱图（600MHz，DMSO-d_6）

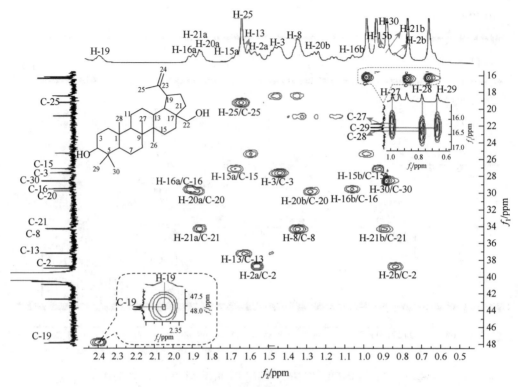

图 4.52　化合物 **D-7** 的 HSQC 谱图（局部放大）（600MHz，DMSO-d_6）

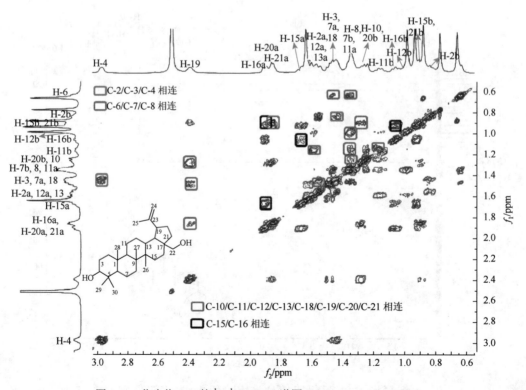

图 4.53　化合物 **D-7** 的 ^{1}H-^{1}H COSY 谱图（600MHz，DMSO-d_6）

观察化合物 **D-7** 的 HMBC 谱图（图 4.54）及局部放大谱图（图 4.55 和图 4.56），CH_3-25 与 C-23、CH_3-26 与 C-14、CH_3-27 与 C-9 以及 CH_3-28 与 C-1 的相关是表明 4 个甲基分别位于 C-23、C-14、C-9 和 C-1 上。而另外 2 个甲基信号（CH_3-29 和 CH_3-30）均与 C-5 相关，且二者彼此相关表明 CH_3-29 和 CH_3-30 位于 C-5 上。OH-4 与 C-4、OH-22 与 C-22 的相关表明两个羟基分别位于 C-4 和 C-22 上。通过 CH_3-29 和 CH_3-30 与 C-4，CH_3-29 和 CH_3-30 与 C-6，H-6 与 C-7，H-7a 与 C-9，CH_3-28 与 C-6 和 C-10，CH_3-27 与 C-8、C-10 和 C-14，CH_3-26 与 C-13 和 C-15，H-15a 与 C-17，H-18 与 C-19，H-20b 与 C-17，以及 H-21a 与 C-18 的 HMBC 相关并结合由 ^{1}H-^{1}H COSY 相关确定的片段建立了 6/6/6/6/5 的五环（环 A-E）骨架结构体系。通过再进一步的 HMBC 相关分析建立了其余部分的连接。从 H-19 与 C-23、C-24 和 C-25 的相关，以及 CH_3-25 与 C-23 和 C-24 的相关确定一个烯丙基与 E 环上的 C-19 相连。此外，OH-22 与 C-17 的相关，H-18 与 C-22 的相关，以及 H-22a 和 H-22b 分别与 C-21 和 C-16 的相关可以确定一个含氧亚甲基连接在 C-17 上，因此确定了该三萜化合物的平面结构。

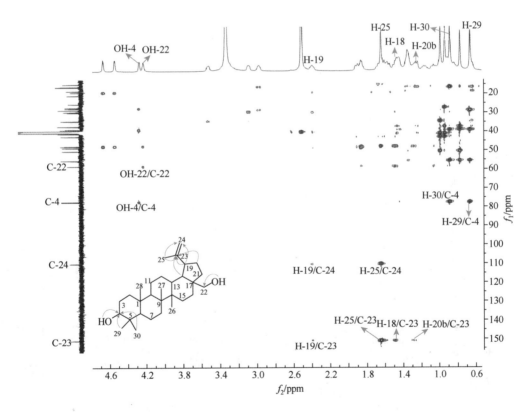

图 4.54　化合物 **D-7** 的 HMBC 谱图（600MHz，DMSO-d_6）

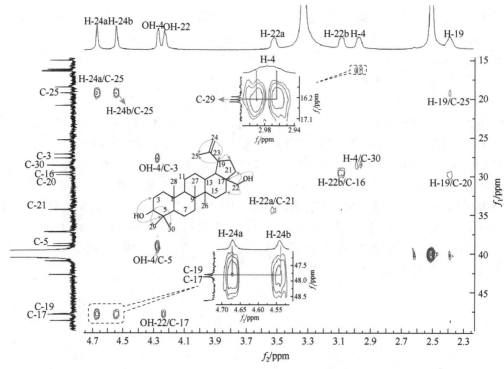

图 4.55 化合物 **D-7** 的 HMBC 谱图（局部放大一）

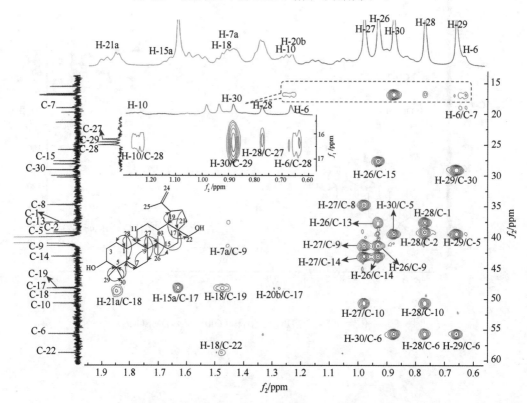

图 4.56 化合物 **D-7** 的 HMBC 谱图（局部放大二）

根据 ROESY 谱图（图 4.57）中 H-13 与 H-19、H-27 和 H-28 相关，以及 H-19 与 H-22b 的相关表明 H-13、H-19、CH₃-27 和 CH₃-28 位于化合物平面的同一侧，即 α 位。然而，H-4 和 H-10 与 CH₃-26，H-18 与 H-4 和 H-6，以及 H-6 与 H-30 的相关表明 H-4、H-6、H-10、H-18、CH₃-26 和 CH₃-30 位于化合物的另一侧，即 β 位。至此，化合物 **D-7** 中各手性碳立体中心的相对构型被确定。

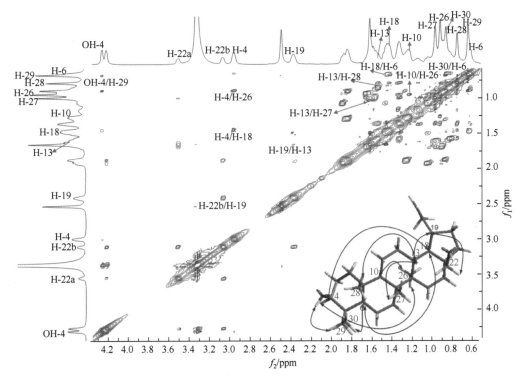

图 4.57　化合物 **D-7** 的 ROESY 谱图（600MHz，DMSO-d_6）

以上确定了化合物的结构，并进行准确的数据归属（表 4.7）。通过与文献数据[38, 39]的比较基本一致，最终确定该三萜化合物为 betulin。

表 4.7　化合物 D-7 的 ¹H NMR（600MHz）和 ¹³C NMR（150MHz）数据（DMSO-d_6）

序号	δ_C/ppm	δ_H/ppm（J/Hz）	序号	δ_C/ppm	δ_H/ppm（J/Hz）
1	36.7（s）	—	6	54.8（d）	0.62（m）
2	38.2（t）	1.56（m） 0.83（m）	7	18.0（t）	1.48（m） 1.35（m）
3	27.2（t）	1.43（m）	8	33.8（t）	1.34（m）
4	76.8（d）	2.97（m）	9	40.4（s）	—
5	38.5（s）	—	10	49.8（d）	1.23（m）

序号	δ_C/ppm	δ_H/ppm（J/Hz）	序号	δ_C/ppm	δ_H/ppm（J/Hz）
11	20.3（t）	1.32（m） 1.15（m）	22	57.9（t）	3.51（m） 3.07（m）
12	24.8（t）	1.58（m） 1.00（m）	23	150.4（s）	—
13	36.7（d）	1.60（m）	24	109.6（t）	4.66（s） 4.53（s）
14	42.2（s）	—	25	18.7（q）	1.63（s）
15	26.6（t）	1.66（m） 0.90（m）	26	14.5（q）	0.92（s）
16	29.0（t）	1.89（m） 1.05（m）	27	15.7（q）	0.97（s）
17	47.4（s）	—	28	15.9（q）	0.76（s）
18	48.2（d）	1.47（m）	29	15.8（q）	0.65（s）
19	47.3（d）	2.38（m）	30	28.1（q）	0.87（s）
20	29.3（t）	1.84（m） 1.26（m）	4-OH	—	4.26（s）
21	33.8（t）	1.86（m） 0.90（m）	22-OH	—	4.22（s）

第5章　生物碱核磁共振图解实例

生物碱（alkaloid）一般指植物中除蛋白质、肽类、氨基酸及维生素 B 以外的含氮有机物，在植物中分布广泛，结构复杂多样，是天然有机化合物中最大的一类化合物。生物碱数目和结构类型繁多，目前主要按照生源结合化学结构的方法进行分类。本书主要目的是阐述常见化合物的核磁波谱特征和结构解析方法，故不再系统介绍生物碱的分类，只对几种常见的生物碱中的典型化合物作核磁共振波谱特征和图解实例的讲解。

5.1　哌啶类生物碱胡椒碱核磁共振图解实例

哌啶类生物碱是一类来源于赖氨酸，以哌啶环为母体结构的生物碱。此类生物碱根据哌啶环上取代方式和取代基的不同可衍生出系列的结构类型，除少数聚哌啶型外，多数结构较为简单。哌啶类生物碱根据母核取代位置、基团或聚合等可分为 7 大类：N-酰基取代类、短链取代类、长脂肪链取代类、色原酮类、螺环类、桥环类和聚哌啶类[40]。其中 N-酰基取代类研究较为深入，数目最多。N-酰基取代类哌啶生物碱大多分布于胡椒科胡椒属（*Piper*），故也称胡椒碱类或胡椒酰胺类，其结构特点是哌啶环的环氮原子与各种链酰基连接而形成的酰胺生物碱，主要由哌啶环和链酰基两部分组成。

该类化合物的 NMR 特征如下：

（1）哌啶环：哌啶环上结构变化较少，多数无取代基，N 原子 α 位亚甲基信号（δ_H 2.8～4.0ppm；δ_C 34～49ppm）可视为此类化合物的特征鉴别信号[41]。

（2）酰胺羰基：酰胺羰基信号也是此类化合物的特征鉴别信号，通常位于 δ_C 170～176ppm（s），若邻位有双键形成 α,β-不饱和酮则高场移动至 δ_C 156～169ppm（s）处。

（3）酰基链上常见不同数目的双键基团，构型以 E 型为多数，少数为 Z 型，构型可根据其耦合常数判断。酰基链上也可见氧取代，如羟基和酮取代。

（4）酰基链末端一般为多取代苯环，苯环上常见环氧亚甲基、羟基和甲氧基等取代基。环氧次甲基都位于 C-3a″（酰基链间位）和 C-7a″（酰基链对位），羟基与甲氧基也多位于 C-3a″和 C-7a″，偶见 C-7″（酰基链间位），酰基链邻位几乎无取代。

（5）部分化合物酰基链为长脂肪链，碳数目为 5～19。

胡椒碱（**E-1**）为淡黄色粉末，碘化铋钾原位薄层反应呈阳性，提示该化合物为生物碱。HR-ESI-MS 测得分子式为 $C_{17}H_{19}NO_3$，不饱和度为 9。

化合物 **E-1** 的 ^{1}H NMR 谱图（图 5.1）中可观察到 5 个亚甲基的质子信号，其中包括两个 N 原子 α 位亚甲基（δ_H 3.62ppm，3.51ppm，each 2H，m），结合 ^{1}H-^{1}H COSY 谱中显示的相关链 H-2/H-3/H-4/H-5/H-6（图 5.2），以及与文献数据进行化学位移值比较可推出，化合物 **E-1** 结构中存在一个哌啶环。

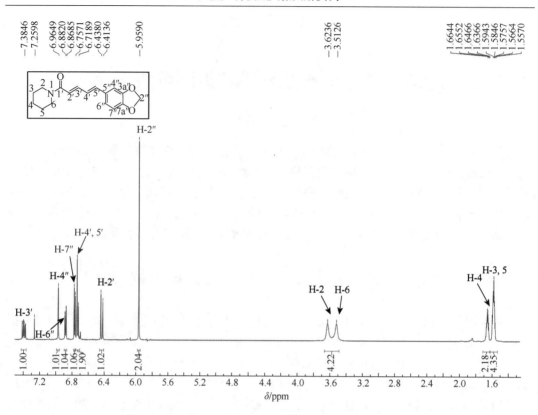

图 5.1　化合物 **E-1** 的 ^{1}H NMR 谱图（600MHz，CDCl$_3$）

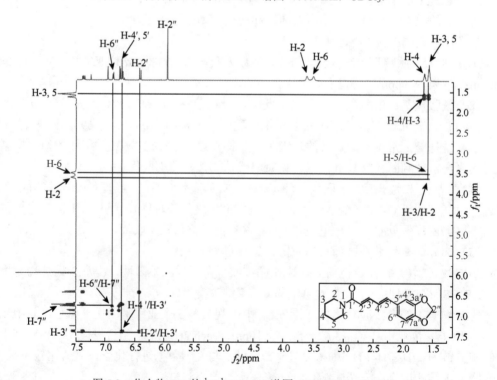

图 5.2　化合物 **E-1** 的 ^{1}H-^{1}H COSY 谱图（600MHz，CDCl$_3$）

氢谱中还可观察到由两个共轭双键构成的自旋系统（δ_H 6.42ppm，1H，d，$J=14.6$Hz；7.38ppm，1H，ddd，$J=14.6$Hz，9.0Hz，0.8Hz；6.72ppm，2H，d，$J=9.0$Hz），并且在 ^{1}H-^{1}HCOSY 谱图中可观察到对应相关链 H-2′/H-3′/H-4′/H-5′。通过耦合常数分析可知，该共轭双烯的两个双键都是反式的。除此之外，氢谱中还可见一个 1,3,4-三取代的芳环（δ_H 6.96ppm，1H，d，$J=1.6$Hz；6.76ppm，1H，d，$J=8.0$Hz；6.87ppm，1H，dd，$J=8.0$Hz，1.6Hz）和 1 个环氧亚甲基信号（δ_H 5.96ppm，2H，s）。

化合物 **E-1** 的 ^{13}C NMR 和 DEPT 谱图（图 5.3）显示了 17 个碳信号，包括 4 个季碳[对应 1 个酰胺羰基碳（δ_C 165.6ppm，s）和 3 个芳环季碳（δ_C 131.2ppm，s；148.2ppm，s；148.2ppm，s）]、6 个亚甲基[对应哌啶环上 5 个亚甲基（δ_C 24.8ppm，t；25.8ppm，t；26.9ppm，t；43.4ppm，t；47.0ppm，t）和 1 个环氧亚甲基（δ_C 101.4ppm，t）]、7 个次甲基[对应 4 个共轭双键次甲基（δ_C 120.3ppm，d；125.5ppm，d；138.3ppm，d；142.5ppm，d）和 3 个芳环次甲基（δ_C 105.8ppm，d；108.6ppm，d；122.6ppm，d）]。

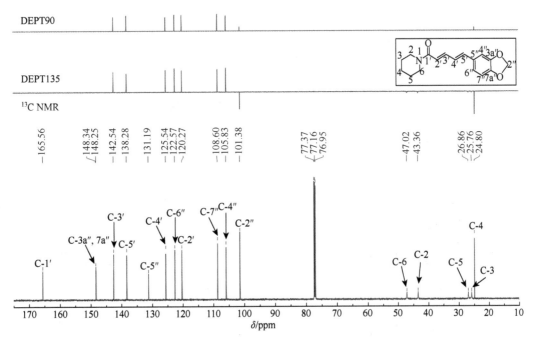

图 5.3　化合物 **E-1** 的 ^{13}C NMR 和 DEPT 谱图（150MHz，CDCl$_3$）

哌啶环通过酰胺键与酰胺链相连是根据 HMBC 谱图（图 5.4）显示的 H-2 和 H-6 与 C-1′的相关确定的。芳环与酰胺链末端相连是根据 HMBC 谱图显示的 H-6″和 H-4″与 C-5′相关确定的。环氧亚甲基定位于 C-3a″和 C-7a″是根据 HMBC 谱图显示的 H-2″与 C-3a″和 C-7a″相关确定的。

化合物 **E-1** 的不饱和基团包括 1 个哌啶环（不饱和为 1）、1 个含氧杂环（不饱和度为 1）、2 个双键（不饱和度合计为 2）、1 个酰胺键（不饱和度为 1）和 1 个苯环（不饱和度为 4），符合不饱和度的计算。

至此确定化合物 **E-1** 的结构为胡椒碱[42]，其全部氢谱和碳谱信号经 2D NMR 包括

¹H-¹H COSY、HMBC、HSQC（图 5.5）等进行完整归属（表 5.1）。

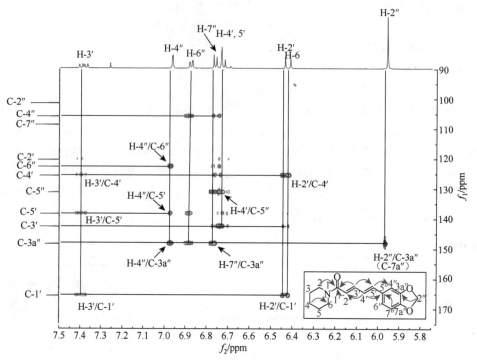

图 5.4　化合物 **E-1** 的 HMBC 谱图（600MHz，CDCl₃）

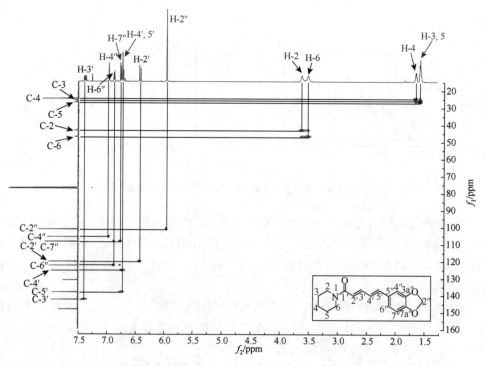

图 5.5　化合物 **E-1** 的 HSQC 谱图（600MHz，CDCl₃）

表 5.1　化合物 E-1 的 ^{1}H NMR（600MHz）和 ^{13}C NMR（150MHz）数据（CDCl$_3$）

序号	δ_C/ppm	δ_H/ppm（J/Hz）	序号	δ_C/ppm	δ_H/ppm（J/Hz）
2	43.4（t）	3.62（m）	5′	138.3（d）	6.72（d，9.0）
3	25.8（t）	1.57（m）	2″	101.4（t）	5.96（s）
4	24.8（t）	1.64（m）	4″	105.8（d）	6.96（d，1.6）
5	26.9（t）	1.57（m）	5″	131.2（s）	—
6	47.0（t）	3.51（m）	6″	122.6（d）	6.87（dd，8.0，1.6）
1′	165.6（s）	—	7″	108.6（d）	6.76（d，8.0）
2′	120.3（d）	6.42（d，14.6）	3a″	148.2（s）	—
3′	142.5（d）	7.38（ddd，14.6，9.0，0.8）	7a″	148.2（s）	—
4′	125.5（d）	6.72（d，9.0）			

5.2　喹诺里西丁类生物碱金雀花碱核磁共振图解实例

喹诺里西丁类是一类生源上来源于赖氨酸的生物碱，在高等植物中广泛分布，数量众多。根据喹诺里西丁环稠合数目及方式的不同，主要可分为六大类：羽扇豆碱类、金雀花碱类、鹰爪豆碱类、苦参碱类、石松碱类和三环类[43]。金雀花碱类生物碱具有三环稠合的喹诺里西丁环结构。本节以金雀花碱（E-2）为例，对该类化合物的 NMR 结构进行解析。

化合物 E-2 为淡黄色粉末，碘化铋钾原位薄层反应呈阳性，提示该化合物为生物碱。HR-ESI-MS 测得分子式为 C$_{11}$H$_{14}$N$_2$O，不饱和度为 6。

化合物 E-2 的 ^{1}H NMR 谱图（图 5.6）显示出一组特征的 α-吡啶酮环信号（δ_H 7.28ppm，dd，J = 9.0Hz，6.8Hz，1H；5.99ppm，dd，J = 6.8Hz，0.7Hz，1H；6.44ppm，dd，J = 9.0Hz，1.1Hz，1H），并且化合物 E-2 的 ^{1}H-^{1}H COSY 谱图（图 5.7）中可观察到 1 组芳杂环体系的自旋耦合系统 H-7/H-8/H-9，证实了 α-吡啶酮环的存在。此外，化合物 E-2 的氢谱中还可观察到吡啶酮型喹诺里西啶类生物碱的特征手性亚甲基信号 CH$_2$-4（δ_H 4.11ppm，d，J = 15.6Hz，1H；3.88ppm，dd，J = 15.6Hz，6.4Hz，1H），表明化合物 E-2 属于该类生物碱。

化合物 E-2 的碳谱（图 5.8）中可见 α-吡啶酮环信号（δ_C 105.1ppm，d；116.9ppm，d；138.9ppm，d；151.2ppm，s；163.8ppm，s），通过 HSQC 谱图（图 5.9）可与相应质子氢谱信号对应。此外，还可见 6 个碳信号，包括 4 个亚甲基[包括 3 个 N 原子 α 位亚甲基（δ_C 49.9ppm，t；53.2ppm，t；54.1ppm，t），以及一个脂肪族亚甲基（δ_C 26.5ppm，t）]和 2 个次甲基（δ_C 27.9ppm，d；35.8ppm，d）。

α-吡啶酮环占据了 4 个不饱和度，剩余不饱和度为 2，提示化合物 E-2 具有三环稠合结构。

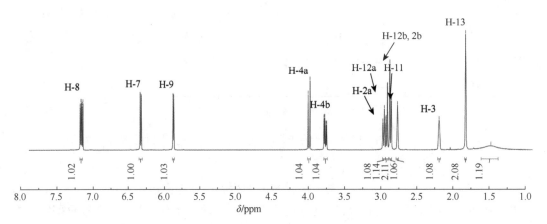

图 5.6　化合物 **E-2** 的 ^{1}H NMR 谱图（600MHz，CDCl$_3$）

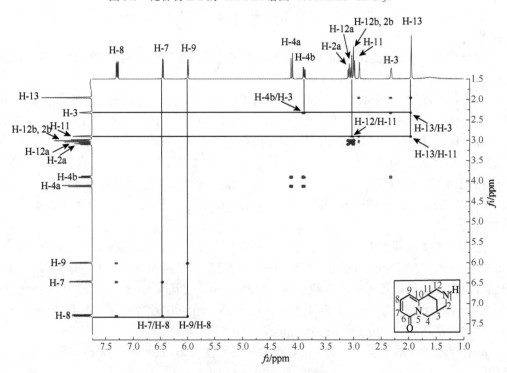

图 5.7　化合物 **E-2** 的 ^{1}H-^{1}H COSY 谱图

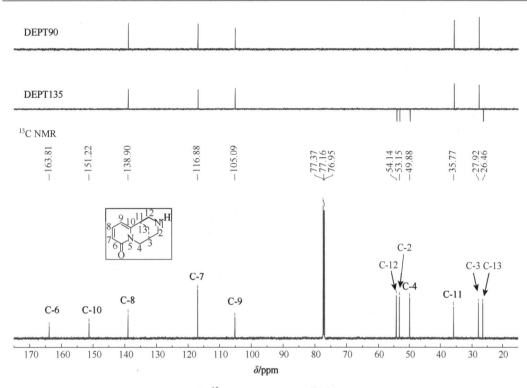

图 5.8　化合物 **E-2** 的 ^{13}C NMR 和 DEPT 谱图（150MHz，CDCl$_3$）

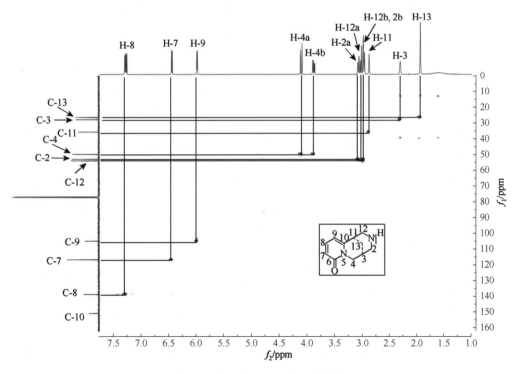

图 5.9　化合物 **E-2** 的 HSQC 谱图

B、C 环上碳氢位置可根据 ^{1}H-^{1}H COSY 中观察到的另一组自旋耦合系统 H-4/H-3（H-2）/H-13/H-11/H-12（图 5.7），以及 HMBC 谱图（图 5.10）显示 H-4 与 C-3、C-2 和 C-13 的相关，H-2 与 C-12、C-13 和 C-3 的相关，以及 H-12 与 C-11、C-13 和 C-2 的相关确定。

至此确定化合物 **E-2** 的结构为金雀花碱，其全部的碳氢数据经 2D NMR 归属列于表 5.2。

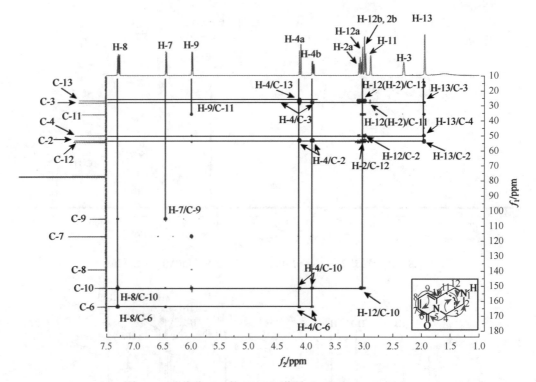

图 5.10　化合物 **E-2** 的 HMBC 谱图（600MHz，CDCl$_3$）

表 5.2　化合物 **E-2** 的 ^{1}H NMR（600MHz）和 ^{13}C NMR（150MHz）数据（CDCl$_3$）

序号	δ_C/ppm	δ_H/ppm（J/Hz）	序号	δ_C/ppm	δ_H/ppm（J/Hz）
			8	138.9（d）	7.28（dd，9.0，6.8）
2a	53.2（t）	3.08（d，12.0）	9	105.1（d）	5.99（dd，6.8，0.7）
2b		2.98（d，12.0）			
3	27.9（d）	2.31（m）	10	151.2（s）	—
4a	49.9（t）	4.11（d，15.6）	11	35.8（d）	2.89（m）
4b		3.88（dd，15.6，6.4）			
6	163.8（s）	—	12a	54.1（t）	3.03（dd，12.0，2.2）
			12b		2.98（d，12.0）
7	116.9（d）	6.44（dd，9.0，1.1）	13	26.5（t）	1.94（m）

5.3　异喹啉类生物碱 epigasine A 核磁共振图解实例

苄基四氢异喹啉生物碱生源上来自苯丙氨酸和酪氨酸，其数量多而结构类型复杂，是最大的一类生物碱。此类生物碱从结构上可分为 15 类，其中主要有 7 类：简单苄基四氢异喹啉类、双苄基异喹啉类、吗啡烷类、阿朴啡、原小檗碱和小檗碱类、普罗托品类和苯菲啶类。异喹啉生物碱是研究比较成熟的一类生物碱，已有诸多文献及专著对其核磁共振波谱特征进行归纳与总结，故此处不再阐述。

阿朴啡类生源上由苄基四氢异喹啉类生物碱经分子内氧化，以碳碳键氧化偶联而生成。在罂粟科中发现最多，也存在于小檗科、防己科、大戟科、木兰科等。此类生物碱根据母核骨架的不同可分为阿朴啡类、原阿朴啡类、阿朴啡-苄基异喹啉类和原阿朴啡-苄基异喹啉类四大类，其中原阿朴啡类截至 2007 年约发现 73 个。原阿朴啡类结构中多由甲基、羟基、甲氧基、亚甲二氧基、羧基等基团取代，取代位置极具规律性。本节以 epigasine A（**E-3**）为例，讲解该类化合物的 NMR 特征。

化合物 **E-3** 为淡黄色粉末，碘化铋钾原位薄层反应呈阳性，提示该化合物为生物碱。HR-ESI-MS 测得分子式为 $C_{21}H_{22}N_2O_3$，不饱和度为 12。

化合物 **E-3** 的 ^1H NMR 谱图（图 5.11）中低场区 δ_H 6.0～7.5ppm 处可观察到 5 个质子信号。其中 1 个孤立的芳香质子信号（δ_H 6.65ppm，1H，s）表明化合物 **E-3** 中有 1 个五

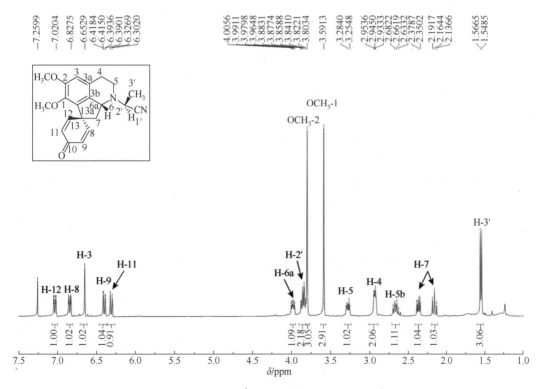

图 5.11　化合物 **E-3** 的 ^1H NMR 谱图（400MHz，CDCl$_3$）

取代的苯环。剩余 4 个低场质子属于两组自旋耦合系统，结合碳谱（图 5.12）中的酮羰基 δ_C 186.1ppm（s）信号，提示化合物 **E-3** 结构中存在 1 个环己二烯酮基团。此外，氢谱中还可观察到 2 个甲氧基的特征信号（δ_H 3.59ppm，3H，s；3.80ppm，3H，s）。

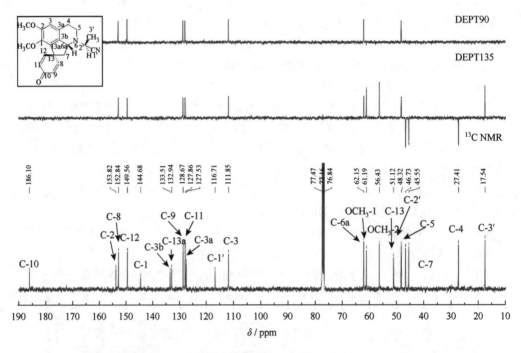

图 5.12　化合物 **E-3** 的 ^{13}C NMR 和 DEPT 谱图（100MHz，CDCl$_3$）

化合物 **E-3** 的 ^{13}C NMR 和 DEPT 谱图中共显示 21 个碳信号，包括 2 个甲氧基（δ_C 56.4ppm，q；61.2ppm，q）和 1 个异丙腈基（δ_C 17.5ppm，q；48.3ppm，d；116.7ppm，s）取代。母核剩余 16 个碳，包括 3 个亚甲基、6 个次甲基（其中 5 个芳环次甲基）和 7 个季碳（包括 5 个芳环季碳、1 个羰基碳）。

根据次甲基 δ_C 62.2ppm（d）和亚甲基 δ_C 45.6ppm（t）的化学位移值可推测其连接在 N 原子上。结合 ^{1}H-^{1}H COSY 谱图（图 5.13）中显示的 H-4 与 H-5 相关，以及 HMBC 谱图显示的 H-5 与 C-3a、C-6a 相关，H-4 与 C-3、C-3b 相关，H-6a 与 C-13a、C-5 相关，推测结构中存在异喹啉环。

环己二烯酮的存在除通过化学位移值与文献值比对外，还可以根据 HMBC 谱图（图 5.14）显示的 H-11 与 C-9、C-13 相关，H-12 与 C-10、C-8 相关，H-9 与 C-11、C-13 相关，H-8 与 C-12、C-10 相关，以及 HSQC 谱（图 5.15）显示的 H-8 与 C-8、H-9 与 C-9、H-11 与 C-11、H-12 与 C-12、H-13 与 C-13 等相关进一步确证。环己二烯酮的螺碳 C-13 通过 C-13a 以及 C-7 亚甲基与异喹啉环连接可通过 HMBC 谱图显示的 H-7 与 C-13、C-8、C-12、C-13a、C-3b、C-6a 相关，以及 H-8 和 C-12 与 C-13a 相关予以确定。

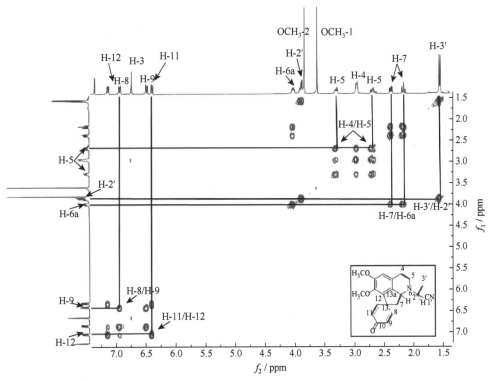

图 5.13 化合物 **E-3** 的 ¹H-¹H COSY 谱图（400MHz，CDCl₃）

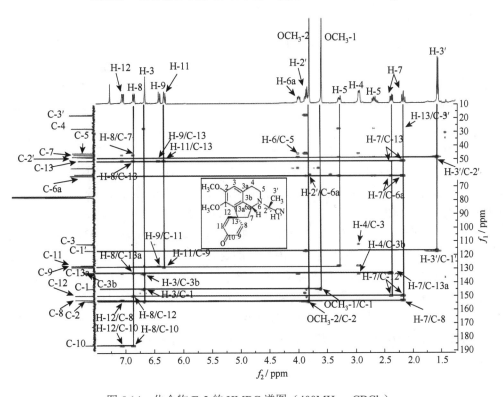

图 5.14 化合物 **E-3** 的 HMBC 谱图（400MHz，CDCl₃）

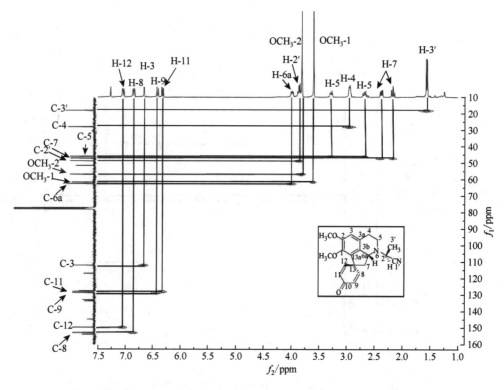

图 5.15　化合物 **E-3** 的 HSQC 谱图（400MHz，CDCl$_3$）

以上数据显示化合物 **E-3** 是含有异喹啉环和环己二烯酮的原阿朴啡型生物碱，其母核结构没有变化，结构鉴定主要确定取代基的位置。原阿朴啡类生物碱氧取代规律性强，C-1、C-2 和 C-9 多被羟基、甲氧基取代。化合物 **E-3** 的 2 个甲氧基定位于 C-1 和 C-2 可根据 HMBC 谱图显示的 OCH$_3$-1 与 C-1 以及 OCH$_3$-2 与 C-2 相关确定。剩余 1 个异丙腈基取代于 N 原子则是根据 HMBC 谱图显示的 H-2′ 与 C-6a 相关确定的。

至此确定化合物 **E-3** 的结构[42]，其氢谱和碳谱数据经 2D NMR 完整归属（表 5.3）。

化合物 **E-3** 的绝对构型是通过 NOESY 谱图（图 5.16）与比较计算和实验 ECD 谱（图 5.17）确定的。由于 OCH$_3$ 和 H-2′ 在 CDCl$_3$ 中的 ^{1}H NMR 信号重叠，我们重新采用 MeOD 进行 ^{1}H NMR 和 NOESY 实验。NOESY 谱图中 H-6a（δ_H 3.98ppm，1H，dd，$J = 10.0$Hz，5.8Hz）与 H-2′（δ_H 3.86ppm，1H，dd，$J = 10.0$Hz，2.4Hz）相关说明 N-取代基的优势构象，进一步证明了异丙烯腈的连接位置。化合物 **E-3** 存在四种可能的绝对构型[（6aS，2′S）、（6aS，2′R）、（6aR，2′R）和（6aR，2′S）]，为了确定 C-6a 和 C-2′的绝对构型，采用 Gaussian 程序先将四种可能的构型进行理论 ECD 的计算[44, 45]。结果显示 6aR，2′S-构型的理论 ECD 光谱与化合物 **E-3** 的实验光谱相符（图 5.17）。因此，化合物 **E-3** 鉴定为(6aR, 2′S)-N-(2′-propanenitrile)- pronuciferine。

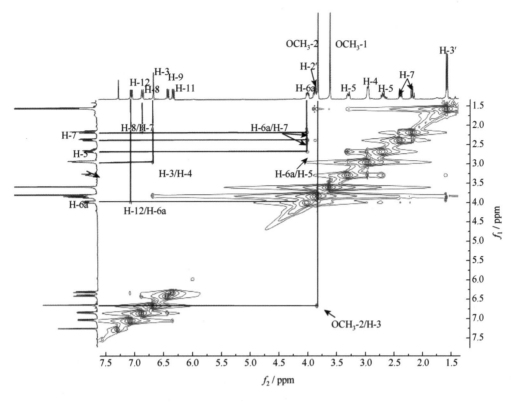

图 5.16　化合物 **E-3** 的 NOESY 谱图（400MHz，CDCl₃）

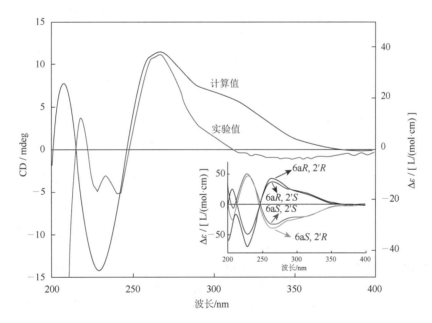

图 5.17　化合物 **E-3** 的 ECD 计算光谱和实验光谱；化合物 **E-3** 四种可能的异构体
ECD 计算光谱（插图）

表 5.3　化合物 E-3 的 ^{1}H NMR（400MHz）和 ^{13}C NMR（100MHz）数据（CDCl$_3$）

序号	δ_C/ppm	δ_H/ppm（J/Hz）	序号	δ_C/ppm	δ_H/ppm（J/Hz）
1	144.7（s）	—	9	128.7（d）	6.42（dd, 10.0, 2.8）
2	153.8（s）	—	10	186.1（s）	—
3	111.8（d）	6.65（s）	11	127.9（d）	6.33（dd, 10.0, 2.8）
3a	127.5（s）	—	12	149.6（d）	7.02（dd, 10.0, 2.8）
3b	133.5（s）	—	13	51.1（s）	—
4	27.4（t）	2.94（t, 3.4）	13a	132.9（s）	—
5	45.6（t）	3.28（ddd, 7.6, 4.8, 4.0）	OCH$_3$-1	61.2（q）	3.59（s）
		2.70（ddd, 11.2, 8.8, 5.3）	OCH$_3$-2	56.4（q）	3.80（s）
6a	62.2（d）	3.98（dd, 10.0, 5.8）	1'	116.7（s）	—
7	46.7（t）	2.39（dd, 11.6, 6.0）	2'	48.3（d）	3.86（dd, 10.0, 2.4）
		2.19（t, 10.8）			
8	152.8（d）	6.83（dd, 10.0, 2.8）	3'	17.5（q）	1.57（d, 6.4）

5.4　倍半萜生物碱石斛碱核磁共振图解实例

石斛碱类生物碱（dendrobine）是指 picrotoxane 型四环倍半萜的 C-2、C-10 与 N 原子连接形成的倍半萜类生物碱（sesquiterpenoid alkaloid）。石斛碱类分布范围极其狭窄，仅存在于兰科（Orchidaceae）石斛属（*Dendrobium* Sw.）的金钗石斛（*D. nobile*）、棒节石斛（*D. findlayanum*）、*D. hildebrandii*、细茎石斛（*D. moniliforme*）、*D. friedricksianum*、大苞鞘石斛（*D. wardianum*）等少数几个种，数量稀少，截至 2018 年仅 25 个。多数化合物的 NMR 数据报道不完整[46]。石斛碱类的母核是由 15 个 C 原子组成的 picrotoxane 型四环倍半萜，N 原子与倍半萜的 C-2、C-10 形成五元杂环，多为 5/5/7/5 环系，四环之间均为顺式稠合，D 环为五元内酯环。结构中通常具有三个甲基，即角甲基 CH$_3$-13α、C-14 上连有偕二甲基 CH$_3$-15 和 CH$_3$-16 形成异丙基。石斛碱类根据结构特点可大致分为四类：石斛碱型、石斛生型、石斛林型和次裂型[40]，其中石斛碱型是此类化合物基本类型，数量最多约 12 个，本节以该类中最常见、结构最简单的石斛碱（dendrobine，**E-4**）为例，讲解该类化合物 NMR 特征。

化合物 **E-4** 为白色粉末，碘化铋钾原位薄层反应呈阳性，提示该化合物为生物碱。HR-ESI-MS 测得分子式为 C$_{34}$H$_{47}$NO$_{10}$，不饱和度为 12。

化合物 **E-4** 的 ^{1}H NMR 谱图（图 5.18）高场区显示出萜类化合物的特征，并且可识别出 1 个氮甲基（δ_H 2.50ppm，s，3H）、1 个角甲基（δ_H 1.38ppm，s，3H）和 1 组偕二甲基（δ_H 0.96ppm，d，J = 4.0Hz，3H；0.97ppm，d，J = 4.0Hz，3H）的信号。**E-4** 的 ^{13}C NMR 和 DEPT 谱图（图 5.19）显示了 16 个碳信号，除氮甲基（δ_C 36.8ppm，q）外，母核剩余 15 个，包括 2 个季碳[包括 1 个酯羰基碳（δ_C 179.4ppm，s）和 1 个脂肪族季碳（δ_C 52.7ppm，s）]、3 个亚甲基、7 个次甲基[包括 1 个含氧取代次甲基（δ_C 79.5ppm，d）]和 3 个甲基。以上碳氢数据经 HSQC 谱图（图 5.20）初步归属，再结合生源，可推断化合物 **E-4** 为石斛碱型倍半萜生物碱。

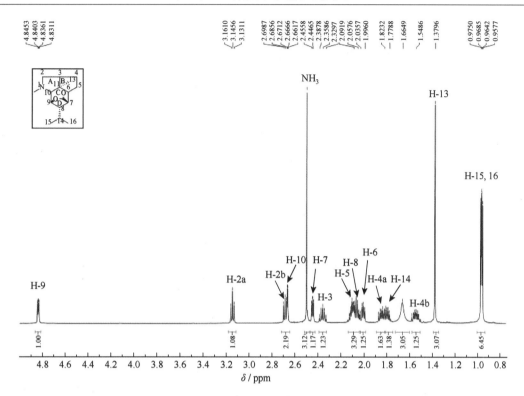

图 5.18 化合物 **E-4** 的 ^{1}H NMR 谱图（600MHz，CDCl$_3$）

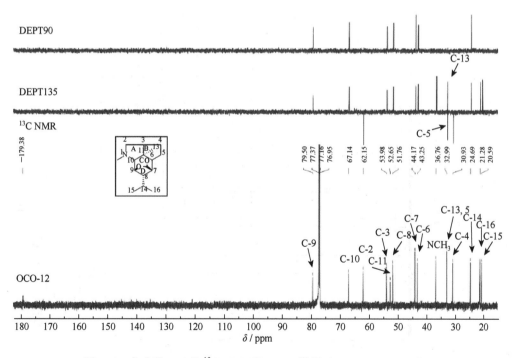

图 5.19 化合物 **E-4** 的 ^{13}C NMR 和 DEPT 谱图（150MHz，CDCl$_3$）

　　石斛碱型的特点为五元杂环含氮吡咯烷环（A 环）与倍半萜部分的 B 环和 C 环顺式稠合形成紧密四环体系。A、B 两环结构多样性主要表现在 N 原子存在形式以及 C-2、C-3、C-6 和 C-10 的氧化水平不同。N 原子多为甲基取代，还有季铵碱、N-氧化物等存在形式。C-3、C-6 和 C-10 常见有 α 构型的羟基取代，C-2 易氧化为酮[47]。根据 HMBC 谱图（图 5.21）显示的 N-CH$_3$ 与亚甲基 C-2、次甲基 C-10 的相关，可推断 C-2 和 C-10 上无含氧取代并可归属其化学位移值。类似地，根据 HMBC 谱图显示的 CH$_3$-13 与 C-3、C-6 的相关，可推断 C-3 和 C-6 上无含氧取代。此外，^{1}H-^{1}H COSY 谱图（图 5.22）显示的 H-2/H-3/H-4/H-5/H-6 的相关链也可验证以上推断，再结合图 5.20 相关可归属 A、B 环上各碳氢的化学位移值。

　　除少数石斛碱类化合物因内酯断裂而形成 OH-9β 和 OCOCH$_3$-7β 外，多数都具有五元内酯环（D 环），其特征信号为 C-9（δ_H 4.84ppm，dd，J = 5.6Hz，3.0Hz，1H；δ_C 79.5ppm，d）和 C-12（δ_C 179.4ppm，s）。化合物 E-4 的 HMBC 谱图显示的 H-9 与 C-12、C-8、C-7 的相关，H-6、H-7 与 C-12 的相关验证了内酯环的存在。根据 ^{1}H-^{1}H COSY 谱显示 H-6/H-7/H-8/H-9/H-10 相关链，结合 HSQC 谱图可完成 C、D 环碳氢的归属。

　　剩余一个异丙基基团连接于 C-8 可根据 HMBC 谱显示的 H-15、H-16 与 C-8 的相关，以及 ^{1}H-^{1}H COSY 谱显示的 H-15/H-14/H-8 的相关确定。至此完成化合物 E-4 的结构确定，其碳氢数据主要通过 HSQC 谱图进行归属（表 5.4）。

　　石斛碱类化合物的 A/B、A/C、B/C、C/D 环均为顺式稠合，桥碳上的氢 H-3、CH$_3$-13、H-6、H-10、H-7、H-9 为 α 构型。在 NOESY 谱图（图 5.23）中显示的 H-3 与 H-13、H-10 相关，H-13 与 H-6 相关可验证相关构型。

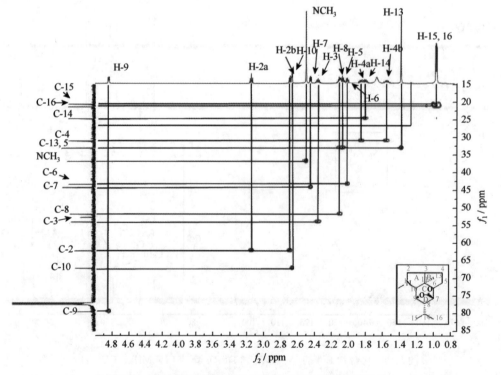

图 5.20　化合物 E-4 的 HSQC 谱图（600MHz，CDCl$_3$）

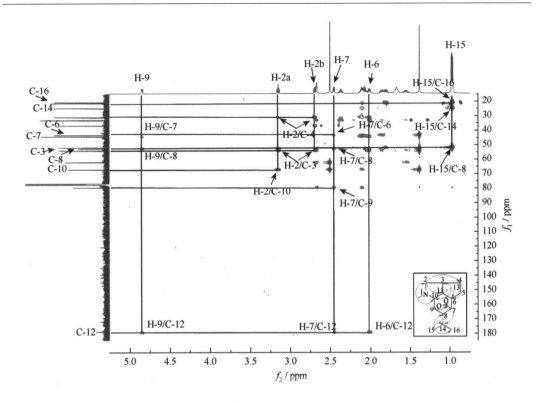

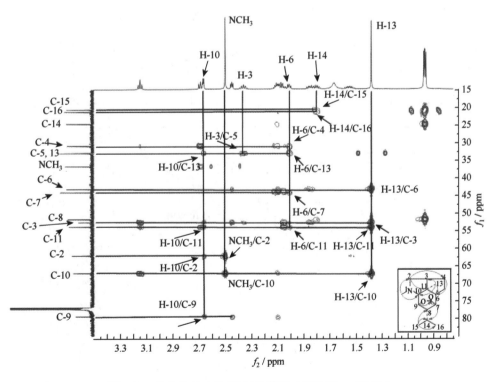

图 5.21　化合物 **E-4** 的 HMBC 谱图（600MHz，CDCl$_3$）

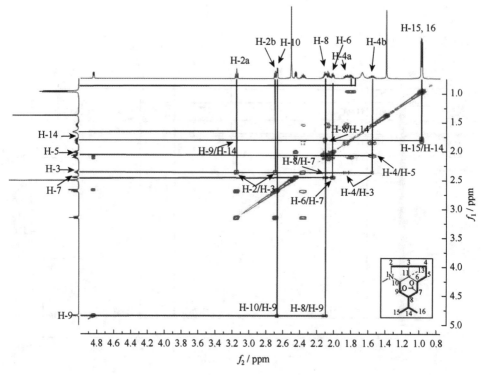

图 5.22　化合物 **E-4** 的 ^{1}H-^{1}H COSY 谱图（600MHz，CDCl$_3$）

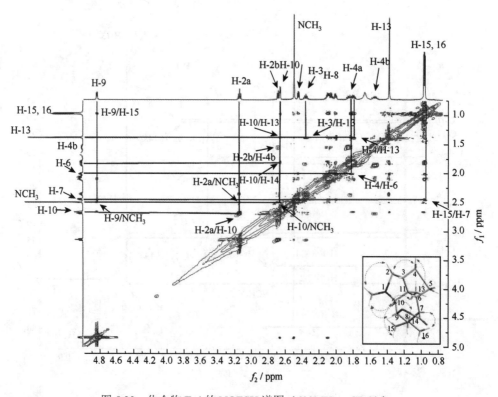

图 5.23　化合物 **E-4** 的 NOESY 谱图（600MHz，CDCl$_3$）

表 5.4　化合物 E-4 的 ^{1}H NMR（600MHz）和 ^{13}C NMR（150MHz）数据（CDCl$_3$）

序号	δ_C/ppm	δ_H/ppm（J/Hz）	序号	δ_C/ppm	δ_H/ppm（J/Hz）
N-CH$_3$	36.8（q）	2.50（s）	9	79.5（d）	4.84（dd, 5.6, 3.0）
2a	62.2（t）	3.15（t, 8.6）	10	67.1（d）	2.66（d, 3.0）
2b		2.68（t, 8.6）			
3	54.0（d）	2.36（pentet, 8.6）	11	52.6（s）	—
4a	30.9（t）	1.85（m）	12	179.4（s）	—
4b		1.55（m）			
5a	33.0（t）	2.10（m）	13	33.0（q）	1.38（s）
5b		2.08（m）			
6	43.2（d）	2.09	14	24.7（d）	1.78（m）
7	44.2（d）	2.44（dd, 5.6, 4.6）	15	20.6（q）	0.96（d, 4.0）
8	51.8（d）	2.08（m）	16	21.3（q）	0.97（d, 4.0）

5.5　二萜生物碱核磁共振图解实例

　　二萜生物碱（diterpenoid alkaloid）指四环或五环二萜的 C-19 或 C-20 与一分子 β-氨基乙醇、甲胺或乙胺的 N 原子连接而成的杂环化合物。天然二萜生物碱已报道超过 1000 个，主要存在于毛茛科（Ranunculaceae）的乌头属（*Aconitum*）、翠雀属（*Delphinium*）、飞燕草属（*Consolida*）和蔷薇科（Rosaceae）的绣线菊属（*Spiraea*）。二萜生物碱具有广泛的生理活性，尤其在抗炎、镇痛、抗心律失常等方面作用显著[48]。

　　二萜生物碱根据母核结构可分为四大类：C$_{18}$-二萜生物碱、C$_{19}$-二萜生物碱、C$_{20}$-二萜生物碱和双二萜生物碱，每大类又可细分为几种子类型[40]。C$_{19}$-二萜生物碱和 C$_{20}$-二萜生物碱涵盖了绝大多数的二萜生物碱，因此本节以本课题组分离自独龙乌头（*Aconitum taronense* Fletcher et Lauener）的 C$_{19}$-乌头碱型二萜生物碱 taronenine B（**E-5**）[49]和分离自生附子（*Aconitum carmichaelii* Debx.）中的 vakognavine 型 C$_{20}$-二萜生物碱 carmichaedine（**E-6**）[50]为例进行讲解。

　　二萜生物碱的核磁波谱特征已有不少综述[51-53]，本书仅作简单总结。

　　（1）C$_{19}$-二萜生物碱。C$_{19}$-二萜生物碱结构类型分为乌头碱型、牛扁碱型、7, 17-次裂型、内酯型和重排型，其中乌头碱型、牛扁碱型占据绝大多数。核磁共振波谱结构特征如下：

　　a. 多数具有 6/7/5/6 四环环系，母核碳数为 19。氢谱高场区具有萜类化合物的特征，质子信号重叠。

　　b. 不含氧取代的季碳 C-4（δ_C 约 40ppm，s）、C-11（δ_C 约 50ppm，s）和含氧取代的季碳 C-8（δ_C 70～90ppm，s）在骨架无变化情况下相对恒定，是 C$_{19}$-二萜生物碱结构类型判断的重要依据。

　　c. 氧化程度较高，通常有多个含氧取代，几乎都有甲氧基取代（δ_H 3.2～3.6ppm，s，3H；δ_C 55～59ppm，q）。羟基易与乙酸、苯甲酸衍生物成酯，多数化合物具有 1～3 个酯基取代。

　　d. 含氧取代的种类主要通过其特征核磁信号确定。含氧取代的个数和位置可通过

δ_H 3.0～5.0ppm 的含氧取代质子的积分面积及化学位移、耦合常数，以及 δ_C 70～90ppm 处含氧取代碳的数量、级数及化学位移推断。含氧取代位置具有规律性，可参照文献常见位置进行定位。

（2）C_{20}-二萜生物碱。C_{20}-二萜生物碱的结构类型比 C_{19}-二萜生物碱多，主要可分为阿替生型、海替生型、海替定型、光翠雀碱型、维特钦型、纳哌啉型六类。核磁共振波谱特征如下：

a.多数为 6/6/6/6 环系，母核碳数为 20。

b.不含氧取代季碳 C-4（δ_C 30～40ppm，s）、C-8（δ_C 30～50ppm，s）和 C-10（δ_C 35～50ppm，s）相对恒定，还可能存在 C-15 含氧取代季碳，是判断该类型结构的主要依据。

c.与 C_{19}-二萜生物碱相比，C_{20}-二萜生物碱的含氧取代较少，常见羟基、酯基取代，不含甲氧基取代。

d.常见环外双键 $\Delta^{16,17}$（δ_H 约 5ppm，br s；δ_C 约 110ppm，t；δ_C 约 143ppm，s）。

5.5.1 C_{19}-二萜生物碱 taronenine B

taronenine B（E-5）为白色针状结晶，碘化铋钾原位薄层反应呈阳性，提示该化合物为生物碱。HR-ESI-MS 测得分子式为 $C_{34}H_{47}NO_{10}$，不饱和度为 12。

化合物 E-5 的 1D NMR 谱图（图 5.24 和图 5.25）显示有 1 个氮乙基（δ_H 1.17ppm，t，$J=7.2$Hz，3H。δ_C 13.1ppm，q；48.4ppm，t），2 个脂肪族甲氧基（δ_H 3.27ppm，3.35ppm，s，

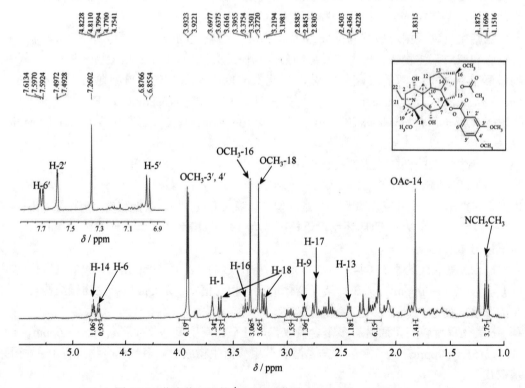

图 5.24 化合物 E-5 的 ^{1}H NMR 谱图（400MHz，CDCl₃）

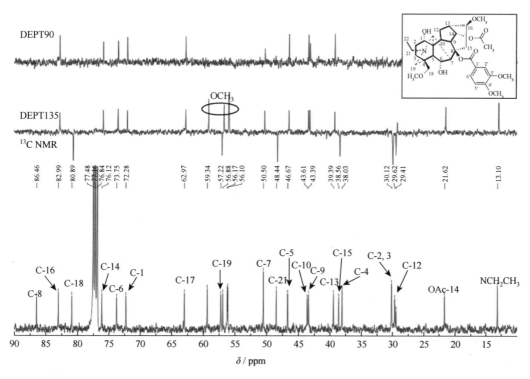

图 5.25　化合物 **E-5** 的 ^{13}C NMR 和 DEPT 谱图（100MHz，$CDCl_3$）

each 3H。δ_C 59.3ppm，q；56.9ppm，q），1 个乙酰基（δ_H 1.83ppm，s，3H。δ_C 21.6ppm，q；171.3ppm，s）和 1 个藜芦酰基（δ_H 7.49ppm，d，$J=1.6$Hz，1H；6.86ppm，d，$J=8.4$Hz，1H；7.60ppm，dd，$J=8.4$Hz，1.6Hz，1H；3.92ppm，3.93ppm，s，each 3H。δ_C 164.9ppm，s；123.4ppm，d；111.9ppm，d；148.8ppm，s；153.2ppm，d；110.4ppm，d；123.5ppm，s；56.1ppm，q；56.2ppm，q）的特征信号。化合物 **E-5** 除氮乙基、甲氧基、乙酰基和藜芦酰基等含氧取代外，母核剩余 19 个碳，具有 3 个特征性季碳（δ_C 38.0ppm，s；50.5ppm，s；86.5ppm，s），^{1}H NMR 高场区呈现出萜类化合物的特征，结合生源可推断化合物 **E-5** 是 C_{19}-乌头碱型二萜生物碱[54]。

化合物 **E-5** 母核骨架无变化，解析主要确定含氧取代的种类、数目、位置和构型。C_{19}-二萜生物碱的含氧取代数目可通过 ^{13}C NMR 中 δ_C 70～90ppm 含氧取代碳数，^{1}H NMR 中 δ_H 3.0～5.0ppm 含氧取代质子数，结合 HR-MS 所得分子式来确定。化合物 **E-5** 的 ^{1}H NMR 谱图显示有 6 个含氧取代质子（δ_H 4.81ppm，t；4.76ppm，d；3.70ppm，m；3.62ppm，Abq；3.40ppm，m；3.22ppm，Abq），^{13}C NMR 谱图显示有 6 个含氧取代碳（δ_C 76.1ppm，d；73.8ppm，d；72.3ppm，d；80.9ppm，t；83.0ppm，d；86.5ppm，s），包括 1 个含氧季碳、1 个含氧亚甲基和 4 个含氧次甲基，结合 HR-MS 所得分子式，可知化合物 **E-5** 除去 2 个甲氧基、1 个藜芦酰基和 1 个乙酰基外，剩余 2 个羟基。

取代位置的确定主要根据含氧取代碳的级数和化学位移、取代位置质子化学位移和耦合常数等，结合 HMBC 相关进行判断。首先考虑常见取代位置，乌头碱型常见含氧取代顺序一般为 C-8/C-16/C-14→C-1→C-18→C-3/C-13→C-15[55]。由化合物 **E-5** 的 NMR 谱图中可见 C$_{19}$-二萜生物碱中特征的 C-18 亚甲基含氧取代信号（δ_H 3.62ppm，3.22ppm，Abq；δ_C 80.9ppm，t），故 1 个甲氧基定位于 C-18。根据 C$_{19}$-二萜生物碱取代规律：几乎所有 C$_{19}$-二萜生物碱都具有 OCH$_3$-16，以及 C-16 化学位移，1 个甲氧基可定位于 C-16。HMBC 谱图显示的 OCH$_3$-16（δ_H 3.35ppm，s）、OCH$_3$-18（δ_H 3.27ppm，s）分别与 C-16（δ_C 83.0ppm，d）、C-18（δ_C 80.9ppm，t）相关进一步确定了甲氧基的定位（图 5.26）。

乙酰基与 C-14 相连是因为 HMBC 谱图中存在 H-14（δ_H 4.81ppm，t）和乙酰基的羰基碳（δ_C 171.3ppm，s）的相关。H-14 为三重峰同时表明 C-9 和 C-13 无含氧取代，若 C-13 有羟基取代则 H-14 表现为二重峰。C$_{19}$-二萜生物碱通常含 C-8 含氧季碳，其化学位移值视取代基种类不同而变化，常见羟基和酯基取代化学位移范围分别为 δ_C 73～78ppm 和 δ_C 84～86ppm。化合物 **E-5** 含氧季碳化学位移 δ_C 86.5ppm（s），表明 C-8 为酯基取代（藜芦酰基）。乙酰基的甲基化学位移（δ_H 1.83ppm，s）证实乙酰基与 C-14 相连而藜芦酰基与 C-8 相连。一般地，乙酰基甲基化学位移为 δ_H 2.0～2.1ppm，而双酯型 C$_{19}$-二萜生物碱中若 C-8 为芳环取代，C-14 为乙酰基取代，则乙酰基的甲基处于芳环抗磁区域高场位移，化学位移为 δ_H 1.7～1.8ppm；若 C-14 为芳环取代，C-8 乙酰基的甲基受到的屏蔽效应更强，化学位移为 δ_H 1.3～1.4ppm[56, 57]。

剩余 2 个羟基分别指定在 C-1 和 C-6 是根据 H-1（δ_H 3.70ppm，m）和 H-6（δ_H 4.76ppm，d）化学位移确定的，^{1}H-^{1}H COSY 谱图（图 5.27）中 H-1 与 H-2 的相关，H-6 与 H-5、H-7 的相关，以及 HMBC 谱中 H-1 与 C-3、C-10 的相关，H-6 与 C-4、C-8 的相关也验证了羟基取代的位置。

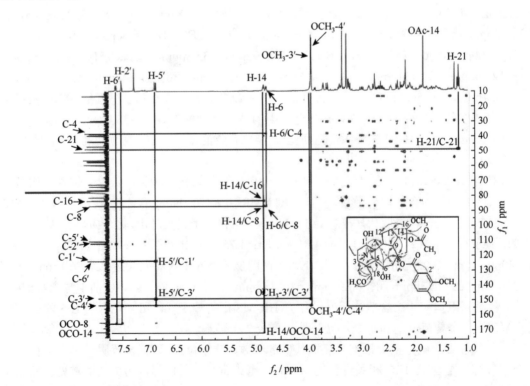

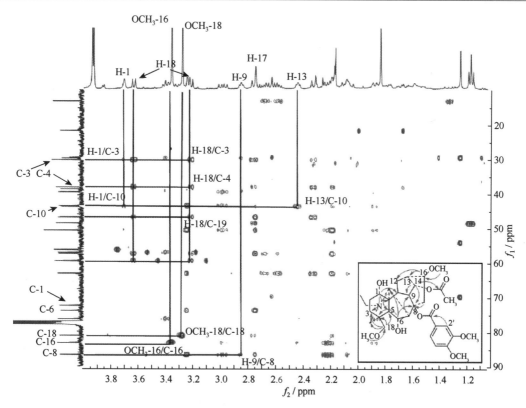

图 5.26　化合物 **E-5** 的 HMBC 谱图（400MHz，CDCl₃）

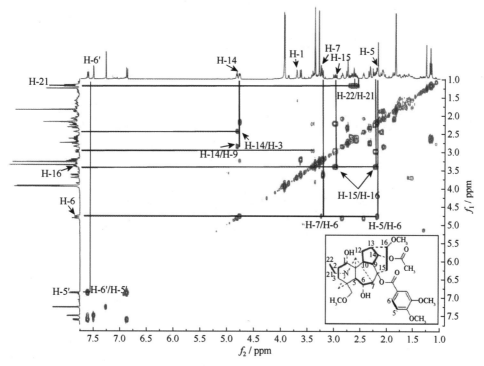

图 5.27　化合物 **E-5** 的 ¹H-¹H COSY 谱图（400MHz，CDCl₃）

　　C₁₉-二萜生物碱相对构型的判断，即含氧取代碳相对构型的判断，主要根据取代碳化学位移及 NOESY（图 5.28）相关确定。OH-1 为 α 构型是根据 C-1 化学位移（δ_C 72.3ppm，d）确定的。据报道，OH-1 为 α 构型时 C-1 化学位移一般为 δ_C 72ppm 左右，OH-1 为 β 构型时 C-1 化学位移为 δ_C 68ppm 左右。此外，NOESY 谱图中显示的 H-1β 与 H-10β 相关、H-6β 与 H-9β 相关、H-14β 与 H-10β 相关分别验证了 OH-1α、OH-6α 和 H-14α 的存在。C₁₉-二萜生物碱的绝对构型一般由 X 射线实验确定。

　　至此确定化合物 **E-5** 的平面结构和相对构型，其氢谱和碳谱数据经 2D NMR 包括 HSQC 谱图（图 5.29）等完整归属（表 5.5）。

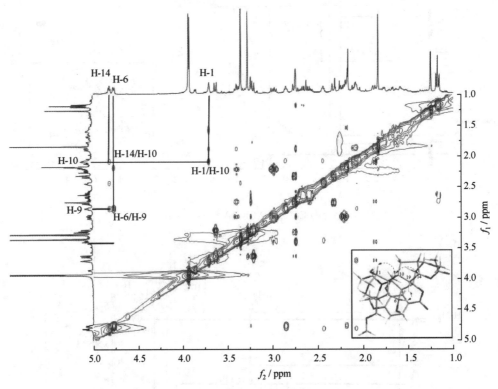

图 5.28　图 5.29　化合物 **E-5** 的 NOESY 谱图（400MHz，CDCl₃）

表 5.5　化合物 **E-5** 的 ¹H NMR（400MHz）和 ¹³C NMR（100MHz）数据（CDCl₃）

序号	δ_H/ppm（J/Hz）	δ_C/ppm	序号	δ_H/ppm（J/Hz）	δ_C/ppm
1	3.70（m）	72.3（d）	5	2.17（m）	46.7（d）
			6	4.76（d，7.2）	73.8（d）
2	1.71（m）	30.1（t）	7	3.24（br s）	50.5（d）
	1.58（m）				
3	1.76（m）	30.1（t）	8	—	86.5（s）
	1.67（m）		9	2.85（m）	43.4（d）
4	—	38.0（s）	10	2.08（m）	43.6（d）

续表

序号	δ_H/ppm（J/Hz）	δ_C/ppm	序号	δ_H/ppm（J/Hz）	δ_C/ppm
11	—	50.5（s）	OCH₃-16	3.35（s）	56.9（q）
12	2.11（m）	29.6（t）	OCH₃-18	3.27（s）	59.3（q）
	1.87（m）		OCO-14	—	171.3（s）
13	2.44（t, 3.9）	39.4（d）		1.83（s）	21.6（q）
14	4.81（t, 4.8）	76.1（d）	OCO-8	—	164.9（s）
15	2.98（dd, 14.2, 8.8）	38.6（t）	1′	—	123.4（d）
	2.23（dd, 14.2, 8.8）		2′	7.49（d, 1.6）	111.9（d）
16	3.40（m）	83.0（d）	3′	—	148.8（s）
17	2.74（s）	63.0（d）			
18	3.62（ABq, 8.8）	80.9（t）			
	3.22（ABq, 8.8）		4′	—	153.2（d）
19	2.75（ABq, 10.8）	57.2（t）	5′	6.86（d, 8.4）	110.4（d）
	2.32（ABq, 10.8）		6′	7.60（dd, 8.4, 1.6）	123.5（s）
21	2.67（m）	48.4（t）			
	2.59（m）		OCH₃-3′	3.92（s）	56.1（q）
22	1.17（t, 7.2）	13.1（q）	OCH₃-4′	3.93（s）	56.2（q）

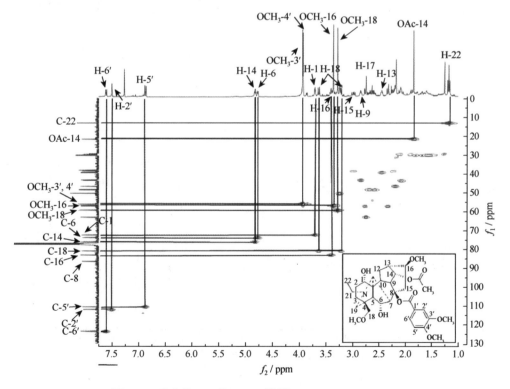

图 5.29　化合物 **E-5** 的 HSQC 谱图（400MHz，CDCl₃）

5.5.2　C$_{20}$-二萜生物碱 carmichaedine

carmichaedine（**E-6**）为白色无定形粉末，碘化铋钾原位薄层反应呈阳性，提示该化合物为生物碱。HR-ESI-MS 分析测得分子式为 C$_{32}$H$_{45}$NO$_8$，不饱和度为 11。

化合物 **E-6** 的 1D NMR 谱图（图 5.30 和图 5.31）显示有 1 个角甲基（δ_H 1.03ppm，s，3H；δ_C 25.9ppmq）、1 个醛基（δ_H 9.32ppm，s，1H；δ_C 198.3ppm，s）、1 个环外双键（δ_H 4.96ppm，4.77ppm，br s，each 1H。δ_C 110.3ppm，t；143.1ppm，s）、1 个氮甲基（δ_H 2.33ppm，s，3H；δ_C 33.5ppm，q）的特征信号。此外还有 3 个酯基，包括 1 个乙酰基（δ_H 2.08，s，3H。δ_C 21.1ppm，q；170.1ppm，s）、1 个异丁酰基（δ_H 2.50ppm，m，1H；1.14ppm，d，$J=2.3$Hz；1.15ppm，d，$J=2.3$Hz。δ_C 19.0ppm，q；19.1ppm，q；34.5ppm，d；177.0ppm，s）和 1 个 2-甲基丁酰基（δ_H 2.32ppm，m，1H；1.49ppm，1.69ppm，m，each 1H，0.90ppm，t，$J=8.0$Hz，3H，1.15ppm，d，$J=8.0$Hz，3H。δ_C 11.6ppm，q；16.7ppm，q；26.4ppm，t；41.2ppm，d；175.9ppm，s）。除酯基和氮甲基外剩余 20 个碳，包括 4 个特征季碳（δ_C 44.6ppm，s；50.0ppm，s；54.0ppm，s；143.1ppm，s），未见甲氧基信号。根据以上核磁数据，并结合生源途径，初步判断化合物 **E-6** 是一种 vakognavine 型 C$_{20}$-二萜生物碱。

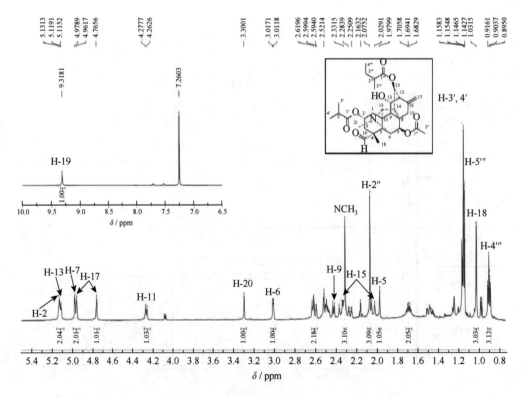

图 5.30　化合物 **E-6** 的 ^{1}H NMR 谱图（400MHz，CDCl$_3$）

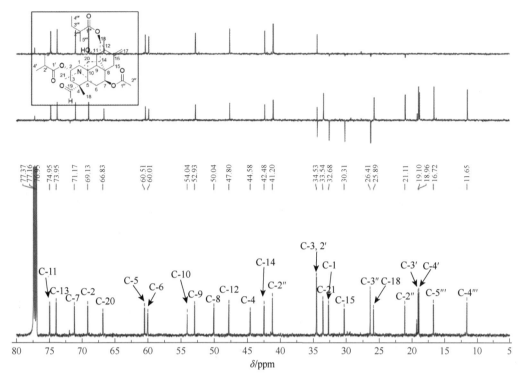

图 5.31　化合物 **E-6** 的 ^{13}C NMR 和 DEPT 谱图（100MHz，CDCl$_3$）

vakognavine 型是结构最为复杂的一类 C$_{20}$-二萜生物碱，一般认为是海替生型的 N-C（19）键断裂并与 C-6 连接，再经 C-4 醛基化而形成的一类化合物，此外还具有环外双键（$\Delta^{16,17}$）和角甲基（CH$_3$-18）[58]。化合物 **E-6** 中的 CH$_3$-18、C(16)＝C(17)的位置可根据 HMBC 谱图（图 5.32）显示的 H-17 与 C-12 和 C-15 的相关，H-18 与 C-4、C-3 和 C-5 的相关分别确认。根据 H-18 与醛基的羰基碳 C-19 的 HMBC 相关可确定醛基的位置。

化合物 **E-6** 的氢谱显示 4 个含氧取代质子（δ_H 5.13ppm，m；5.12ppm，t；4.98ppm，d；4.26ppm，d），碳谱中有 4 个含氧取代次甲基（δ_C 69.1ppm，d；74.0ppm，d；71.2 ppm，d；75.0ppm，d），结合 HR-MS 所得分子式，可知化合物除 3 个酯基外，剩余 1 个为羟基取代。解析中可根据本类化合物常见的取代规律，根据 HMBC 谱图（图 5.32）显示的相关来确定含氧取代基的位置。vakognavine 型常见含氧取代位置为 C-1、C-2、C-7、C-11、C-13 和 C-15。化合物 **E-6** 中的乙酰基、异丁酰基和 2-甲基丁酰基分别定位于 C-7、C-2 和 C-13 是根据 HMBC 谱显示的 H-7 与乙酰基羰基碳、H-2 与异丁酰基羰基碳、H-13 与 2-甲基丁酰基羰基碳的相关确定。羟基定位于 C-11 是根据 H-11 与 C-16、C-8 的 HMBC 相关确定。

化合物 **E-6** 的相对构型主要根据耦合常数和 ROESY 谱图进行推断（图 5.33）。根据 H-9 位和 H-11 的耦合常数（J = 9.0Hz），表明两个质子间 1，2-双直键，表明 H-11 为 β 构型[59]。根据 ROESY 谱图中 H-7 与 H-14，H-15，H-2 与 H-5，以及 H-13 与 H-17 的相关，确定 H-7 和 H-13 都是 α 构型，H-2 为 β 构型[60]。至此确定化合物 **E-6** 的平面结构和相对构型，其氢谱和碳谱数据经 2D NMR 谱图包括 HSQC 谱图（图 5.34）和 ^{1}H-^{1}H COSY（图 5.35）等完整归属（表 5.6）。

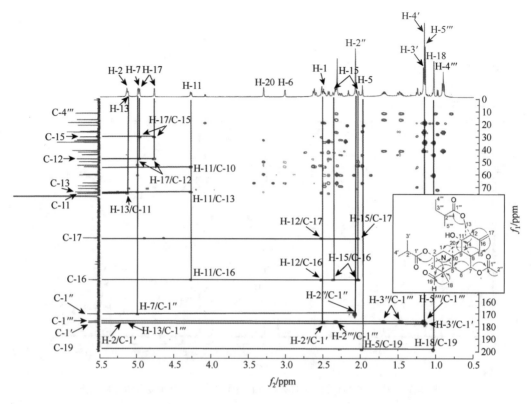

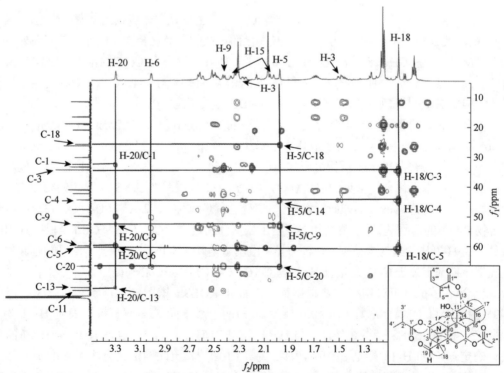

图 5.32　化合物 **E-6** 的 HMBC 谱图（400MHz，CDCl$_3$）

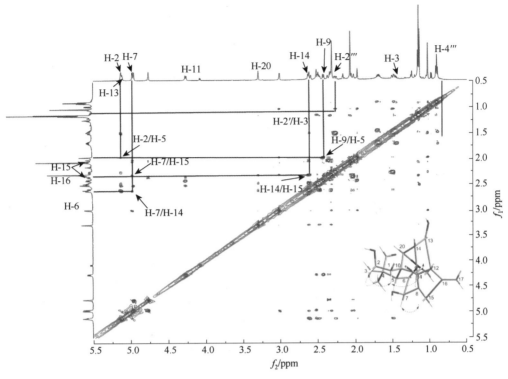

图 5.33　化合物 **E-6** 的 ROESY 谱图（400MHz，CDCl₃）

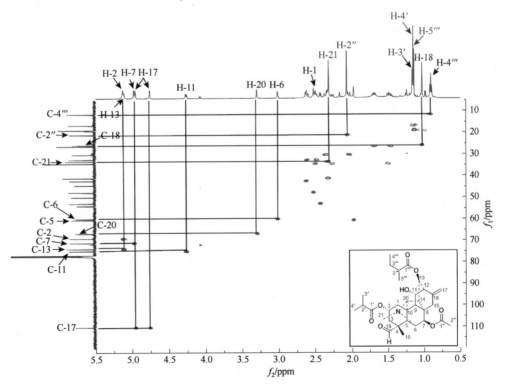

图 5.34　化合物 **E-6** 的 HSQC 谱图（400MHz，CDCl₃）

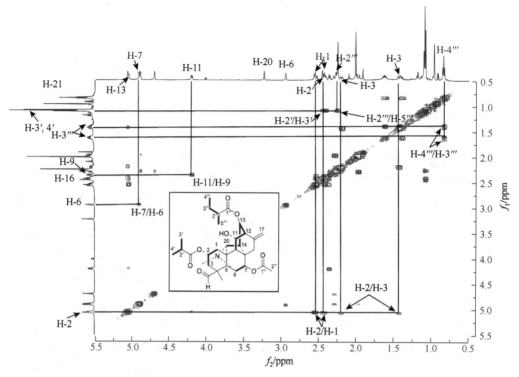

图 5.35　化合物 **E-6** 的 ^{1}H-^{1}H COSY 谱图（400MHz，CDCl$_3$）

表 5.6　化合物 **E-6** 的 ^{1}H NMR（400MHz）和 ^{13}C NMR（100MHz）数据（CDCl$_3$）

序号	δ_H/ppm（J/Hz）	δ_C/ppm	序号	δ_H/ppm（J/Hz）	δ_C/ppm
1	2.62（m）	32.7（t）	17	4.96（br s）	110.3（t）
	2.50（m）			4.77（br s）	
2	5.13（m）	69.1（d）	18	1.03（s）	25.9（q）
3	2.26（dd，15.0，4.8）	34.5（t）	19	9.32（s）	198.3（s）
	1.50（dd，15.0，4.8）				
4	—	44.6（s）	20	3.30（br s）	66.8（d）
5	1.98（br s）	60.5（d）	21	2.32（s）	33.5（q）
6	3.01（d，3.2）	60.0（d）	1′	—	177.0（s）
7	4.98（d，4.8）	71.2（d）	2′	2.50（m）	34.5（d）
8	—	50.0（s）	3′	1.14（d，2.3）	19.0（q）
9	2.42（d，9.0）	52.9（d）	4′	1.15（d，2.3）	19.1（q）
10	—	54.0（s）	1″	—	170.1（s）
11	4.26（d，9.0）	75.0（d）	2″	2.08（s）	21.1（q）
12	2.52（m）	47.8（d）	1‴	—	175.9（s）
13	5.12（t，2.4）	74.0（d）	2‴	2.32（m）	41.2（d）
14	2.61（m）	42.5（d）	3‴	1.69（m）	26.4（t）
15	2.04（d，18.0）	30.3（t）		1.49（m）	
	2.33（d，18.0）		4‴	0.90（t，8.0）	11.6（q）
16	—	143.1（s）	5‴	1.15（d，8.0）	16.7（q）

5.6　细胞松弛素的核磁共振图解实例

细胞松弛素类化合物（cytochalasins）是一类种类繁多、结构多样、活性广泛的真菌代谢产物。此类化合物最早由 Carter 等于 1967 年从真菌 *Helminthosporium dematioidium* 中分离得到，并因它们能够结合肌动蛋白改变其聚合反应产生肌松效果而得名[61]。文献报道细胞松弛素主要来自毛壳属（*Chaetomium*）、曲霉属（*Aspergillus*）、拟茎点霉属（*Phomopsis*）真菌，常根据来源命名为 aspochalasins、chaetoglobosins、phomopsichalasins 等[62]。细胞松弛素具有广泛的生理活性，除抑制细胞运动和分裂外，还有抗肿瘤、抗菌、抗病毒、影响心血管和神经系统功能等作用。细胞松弛素是微生物次生代谢产物研究热点领域之一[63]。天然的细胞松弛素均以高度氢化的异吲哚-1-酮为母核，并连有碳环或内酯环等大环，其结构变化主要表现在：①异吲哚酮母核的氧化水平和取代基个数及种类不同；②耦合大环的种类及氧化水平、取代基个数和种类不同；③母核的 C-10 取代基不同。根据 C-10 取代基不同，细胞松弛素分为四大类：10-苯基类（cytochalasins）、10-吲哚类（chaetoglobosins）、10-羟苯基类（pyrichalasins）和 10-烷基类（aspochalasins、alachalasins）[64]。Cheatoglobosin F 是分离自五加科药用植物三七（*Panax notoginseng*）种子内生真菌 *Chaetomium globosum* 中的 10-吲哚类细胞松弛素，结构具有代表性[65]。本节以该化合物为例进行 NMR 结构解析。

10-吲哚细胞松弛素（**E-7**）为白色粉末，高分辨质谱显示分子式为 $C_{32}H_{38}N_2O_5$，不饱和度为 15。

化合物 **E-7** 的 ^1H NMR 谱图（图 5.36）低场区显示有 1 组典型的 C-3′单取代吲哚环信号（δ_H 8.62ppm，br s，1H；6.99ppm，d，$J=2.0Hz$，1H；7.38ppm，d，$J=8.0Hz$，1H；7.15ppm，t，$J=8.0Hz$，1H；7.21ppm，t，$J=8.0Hz$，1H；7.48ppm，d，$J=8.0Hz$，1H）[66,67]。此外，低场区还有 2 组双键质子信号，包括 1 个三取代双键（δ_H 6.13ppm，$J=8.4Hz$，1H）和 1 个双取代反式双键（δ_H 6.35ppm，ddd，$J=15.0Hz$，10.0Hz，1.4Hz；5.24ppm，ddd，$J=15.0Hz$，10.0Hz，2.8Hz，1H）。氢谱高场区显示 4 个甲基信号，其中 2 个与次甲基相连（δ_H 1.13ppm，d，$J=7.2Hz$，3H；1.02ppm，d，$J=6.7Hz$，3H），2 个与季碳相连（δ_H 1.22ppm，s，3H；1.77ppm，s，3H）（表 5.7）。^{13}C NMR 和 DEPT 谱图（图 5.37）显示 32 个碳信号，除吲哚环的 8 个碳外剩余 24 个碳，其中 6 个季碳[包括 2 个酮羰基（δ_C 203.7ppm，s；208.4ppm，s）、1 个酰胺羰基（δ_C 175.0ppm，s）、1 个双键季碳（δ_C 134.4ppm，s）、2 个含氧取代季碳（δ_C 57.5ppm，s；64.7ppm，s）]、4 个亚甲基、10 个次甲基[包括 2 个双键碳（δ_C 128.9ppm，d；133.6ppm，d）、2 个含氧取代次甲基（δ_C 61.9ppm，d；72.0ppm，d）]和 4 个甲基（δ_C 12.3ppm，q；20.0ppm，q；13.0ppm，q；19.7ppm，q）。此外，由 HSQC 谱图（图 5.38）可知 δ_H 8.62ppm（br s）和 δ_H 6.30ppm（br s）处为活泼氢信号（NH）。根据以上数据，结合来源菌株及文献报道相关化合物 NMR 数据，可初步推测化合物 **E-7** 为 10-吲哚类细胞松弛素[68]。

3-取代吲哚环（indol ring）除通过 NMR 信号与文献比对外[66]，还可根据 ^1H-^1H COSY 谱图显示的 H-4′/H-5′/H-6′/H-7′和 NH-1′/H-2′自旋耦合系统（图 5.39），以及 HMBC 谱图显示的 H-7′（δ_H 7.48ppm，d，$J=8.0Hz$）与 C-5′（δ_C 120.1ppm，d）、H-6′（δ_H 7.21ppm，t，$J=8.0Hz$）与 C-4′（δ_C 111.8ppm，d）、NH-1′（δ_H 8.62ppm，br s）与 C-3′（δ_C 110.4ppm，s）、C-3a′（δ_C 127.2ppm， s）等相关验证（图 5.40）。此外，HMBC 谱图中显示的 H-10（δ_H 2.85ppm，m；2.66ppm，m）与 C-3′、C-3′a 相关证实吲哚环通过亚甲基 C-10 与细胞松弛素的母核连接。

细胞松弛素母核的 2-吡咯烷酮（2-pyrolidone ring，A 环）变化小，其中酰胺（δ_H 8.62ppm，br s；δ_C 175.0ppm，s）和羰基邻位季碳 C-9（δ_C 64.7ppm，s）可作为细胞松弛素鉴别的特征 NMR 信号。母核结构变化主要在于六元环（B 环）氧化水平差异。^1H-^1H COSY 谱图中显示的 H-10/H-3/H-4/H-5/H-11 自旋耦合系统，结合 HMBC 谱图中 H-11（δ_H 1.13ppm，d）与 C-5（δ_C 36.5ppm，d）相关，可确定 CH$_3$-11 与 C-5 相连。化合物 E-7 有 5 个氧原子，存在于 3 个羰基和 3 个含氧取代碳（δ_C 57.5ppm，s；61.9ppm，d；72.0ppm，d），推测有 1 个环氧和 1 个羟基。根据 C-6 与 C-7 的 ^{13}C NMR 化学位移，H-12（δ_H 1.22ppm，s，3H）与 C-5、C-6、C-7 的 HMBC 相关，结合 ^1H-^1H COSY 相关链中断这一信息，可推测存在 C(6)-O-C(7)环氧基团[69]，甲基连接在含氧季碳 C-6 上。

细胞松弛素中与母核骈连大环（macro ring，C 环）是构成其化学结构多样性最主要原因，大环碳数、氧化水平、取代基等差异大。首先根据不饱和度推测大环环系。化合物 E-7 不饱和度为 15，已鉴定的吲哚环不饱和度为 6，A 环不饱和度为 3，大环的 5 个不饱和度除去 2 个双键和 2 个羰基外仅剩余 1 个不饱和度，故仅有 1 个大环。^1H-^1H COSY 谱图显示的 H-7/H-8/H-13/H-14/H-15/H-16/H-17（H-24）和 H-20/H-21/H-22 自旋耦合系统（图 5.39），以及 HMBC 谱图中 H-17 与 C-19、H-20 与 C-18、C-22 与 C-9 等相关可确定化合物 E-7 中的大环为此类细胞松弛素最常见的十三元碳环，且通过 C-8 和 C-9 与母核骈连。HMBC 谱图中 H-7 与 C-13、H-16 与 C-14、H-15 与 C-17 等相关进一步确定 $\Delta^{13,14}$ 和 $\Delta^{17,18}$ 位置。CH$_3$-24 的位置可由 H-24 与 H-16 的 ^1H-^1H COSY 相关确定。CH$_3$-25 由 HMBC 谱图中显示的 CH$_3$-25 与 C-17 相关可确定。羟基取代于 C-20 是根据其化学位移确定的，此外，HMBC 谱图中的 H-20 与 C-18、H-20 与 C-22 等相关进一步验证其位置。

至此化合物 E-7 平面结构得到确定，其全部碳氢信号经 1D NMR 和 ^1H-^1H COSY、HSQC（图 5.38）和 HMBC 谱归属列于表 5.7。

化合物 E-7 相对构型是通过耦合常数和 NOESY 谱判断。根据 H-3α 与 H-11 的 NOESY 相关可判断 C-10 为 β 构型且 CH$_3$-11 为 α 构型[68]（图 5.41）。H-8 为 β 构型是根据 H-7 与 H-8 之间较大的耦合常数（$J = 7.2$Hz）判断的[70]。H-13 和 H-14（$J_{13,14} = 15.0$Hz）较大的耦合常数说明 $\Delta^{13,14}$ 为 E 构型[71]。NOESY 谱图中显示的 H-17 与 H-20 相关表明 $\Delta^{17,18}$ 也是 E 构型。CH$_3$-24 为 α 构型是由 NOESY 谱中 H-24 与 H-25 相关确定的。至此确定了化合物 E-7 的相对构型，其绝对构型的确定则需采用单晶 X 射线衍射、ECD 计算等方法。

表 5.7　化合物 E-7 的 ^1H NMR（400MHz）和 ^{13}C NMR（100MHz）数据（CDCl$_3$）

序号	δ_C/ppm	δ_H/ppm（J/Hz）	序号	δ_C/ppm	δ_H/ppm（J/Hz）
1	175.0（s）	—	6	57.5（s）	—
2	—	6.30（br s）	7	61.9（d）	2.79（d，7.2）
3	52.7（d）	3.78（m）	8	48.6（d）	2.23（dd，10.0，5.6）
4	49.6（d）	2.65（m）	9	64.7（s）	—
5	36.5（d）	1.85（m）	10a	34.5（t）	2.85（m）

续表

序号	δ_C/ppm	δ_H/ppm（J/Hz）	序号	δ_C/ppm	δ_H/ppm（J/Hz）
10b		2.66（m）	22a	38.2（t）	2.90（m）
11	13.0（q）	1.13（d，7.2）	22b		2.39（m）
12	19.7（q）	1.22（s）	23	208.4（s）	—
13	128.9（d）	6.35（ddd，15.0，10.0，1.4）	24	20.0（q）	1.02（d，6.7）
14	133.6（d）	5.24（ddd，15.0，10.0，2.8）	25	12.3（q）	1.77（s）
15a	41.2（t）	2.39（m）	1'		8.62（br s）
15b		2.06（m）	2'	123.6（d）	6.99（d，2.0）
16	33.4（d）	2.69（m）	3'	110.4（s）	—
17	149.6（d）	6.13（8.4）	1'a	136.5（s）	—
18	134.4（s）	—	3'a	127.2（s）	—
19	203.7（s）	—	4'	111.8（d）	7.38（d，8.0）
20	72.0（d）	4.68（dd，11.0，5.6）	5'	120.1（d）	7.15（t，8.0）
21a	31.6（t）	1.82（m）	6'	122.6（d）	7.21（t，8.0）
21b		1.69（m）	7'	118.3（d）	7.48（d，8.0）

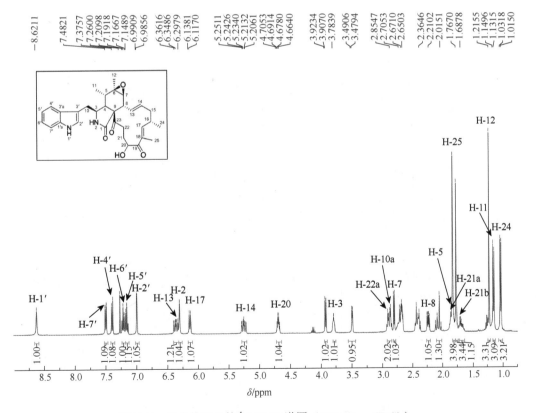

图 5.36　化合物 **E-7** 的 ¹H NMR 谱图（400MHz，CDCl₃）

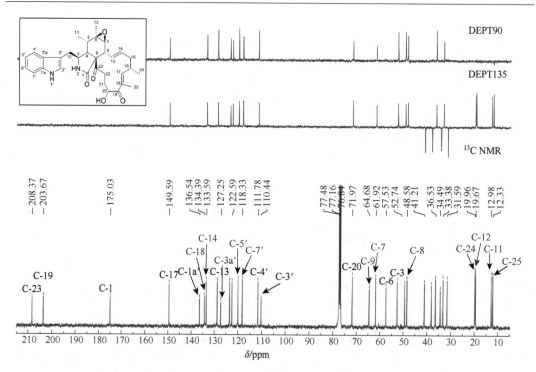

图 5.37　化合物 **E-7** 的 ^{13}C NMR 和 DEPT 谱图（100MHz，CDCl$_3$）

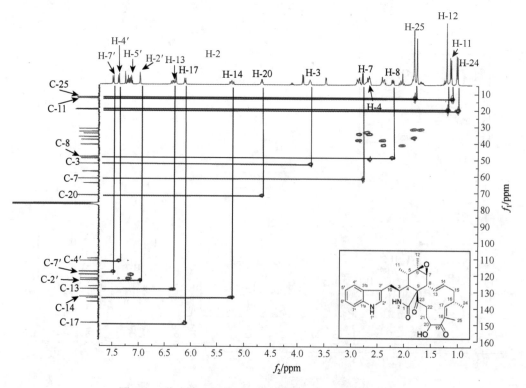

图 5.38　化合物 **E-7** 的 HSQC 谱图（400MHz，CDCl$_3$）

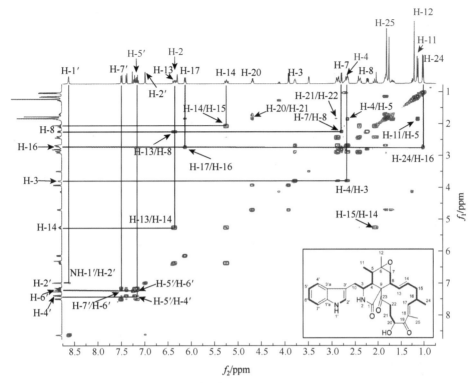

图 5.39　化合物 **E-7** 的 ^{1}H-^{1}H COSY 谱图（400MHz，CDCl$_3$）

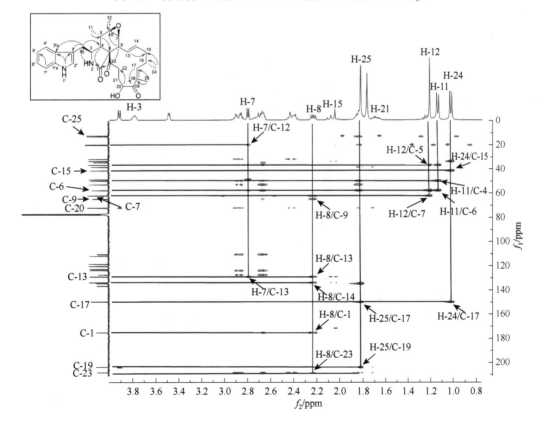

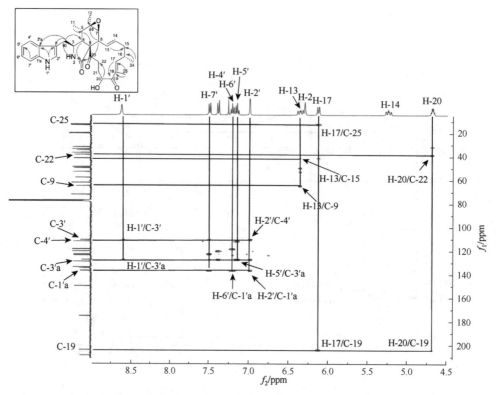

图 5.40 化合物 **E-7** 的 HMBC 谱图（400MHz，CDCl₃）

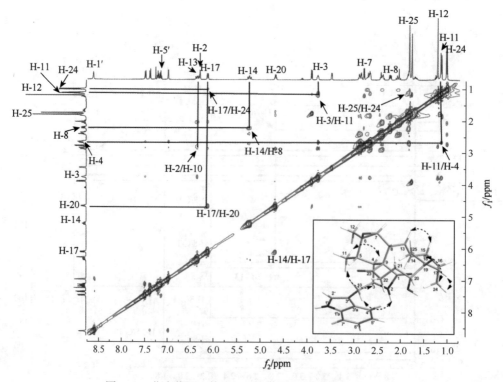

图 5.41 化合物 **E-7** 的 NOESY 谱图（400MHz，CDCl₃）

第 6 章　苯丙素类化合物核磁共振图解实例

6.1　苯丙素类化合物的核磁特征

苯丙素（phenylpropanoid）是天然存在的一类苯环与三个直链碳连接（C_6-C_3 基团）构成的化合物[图 6.1（a）]。而由双分子或者三分子苯丙素衍生而成的化合物就是木脂素（lignan）[图 6.1（b）].

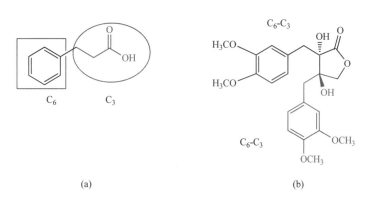

图 6.1　苯丙素类化合物的基本结构

（a）简单苯丙素；（b）包含两个苯丙素分子的木脂素

苯丙素类化合物的 NMR 谱图一般有以下特征：

（1）一般除去取代基后骨架碳的数量为 9 个或者 18 个，含有苯环的信号。

（2）苯环上一般都有 OCH_3 取代，^1H NMR 化学位移一般是 δ_H 3.60～4.00ppm（3 个氢的高单峰），^{13}C NMR 化学位移一般在 δ_C 55.0～62.0ppm，DEPT 谱图显示为 CH_3，其化学位移极易与普通甲基或者其他杂原子取代的甲基区别开来。

（3）木脂素中苯环以外的其余碳可以有多种连接方式，可成环或者成链，木脂素解析的难点就是这部分非苯环碳的连接方式。

6.2　核磁共振图解实例

6.2.1　苯丙素

6.2.1.1　苯丙酸

简单苯丙素的解析比较容易，主要是确定苯环的取代关系，以最简单的苯丙酸（**F-1**）为例说明（结构见图 6.2）。

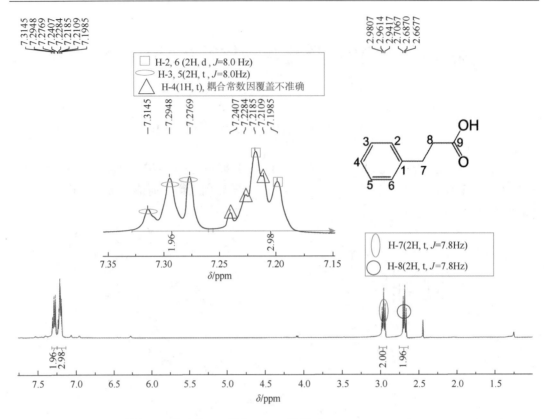

图 6.2　化合物 **F-1** 的 ^{1}H NMR 谱图（400MHz，CDCl$_3$）

　　化合物 **F-1** 的 ^{1}H NMR 谱图（图 6.2）是在 CDCl$_3$ 中测试的，因化合物量较大，氘代试剂的峰较低。从谱图中可以看出该化合物含有 1 个苯环、2 个不含氧的 CH$_2$。苯环氢的化学位移全部集中在 δ_H 7.25ppm 附近，与普通苯环化学位移（δ_H 7.28ppm）接近，且有 5 个氢，表明苯环为单取代，取代基对苯环氢的化学位移几乎没有影响，对苯环氢化学位移没有影响的取代基一般包括烷基和溴，而天然产物含溴的概率是极低的，所以可推测该化合物为烷基单取代。2 个不含氧的 CH$_2$ 均为三重峰且耦合常数相同，推测这两个 CH$_2$ 直接相连，互相耦合形成三重峰，两端均与季碳相连。考虑到这两个 CH$_2$ 的化学位移值大于一般不含氧的 CH$_2$，推测它们与苯环或者羧基连接。

　　F-1 的 ^{13}C NMR 谱图（图 6.3）也是在 CDCl$_3$ 中测试的，可观察到 CDCl$_3$ 的三重峰。图中可见 7 个碳信号，包含 2 组化学等价的重合碳。在 ^{13}C NMR 谱图中还观察到 ^{1}H NMR 谱图中不能发现的羧基信号，至此可判断 **F-1** 是一种苯丙素化合物，包含 1 个苯环和 1 个链状的 C$_3$ 信号，至此确定化合物 **F-1** 为苯丙酸。

6.2.1.2　retusiusine A

　　一些苯丙素衍生物连接有其他取代基团，这类化合物的解析要点是确定苯丙素与其他取代基团的连接关系。下面以 retusiusine A（**F-2**）[72]的解析为例说明（结构见图 6.4）。

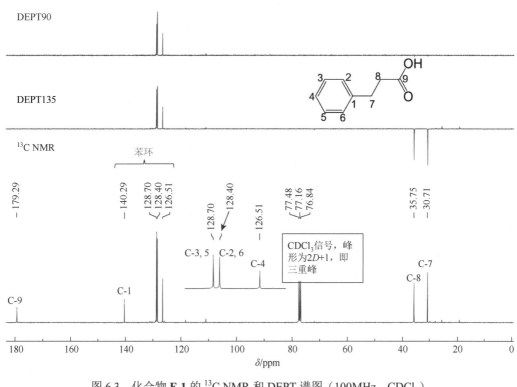

图 6.3　化合物 **F-1** 的 ^{13}C NMR 和 DEPT 谱图（100MHz，CDCl$_3$）

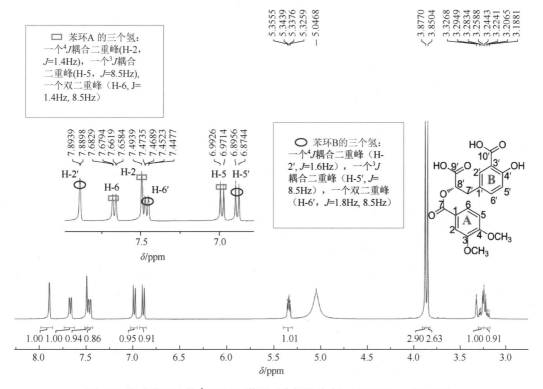

图 6.4　化合物 **F-2** 的 ^{1}H NMR 谱图（含低场放大）（400MHz，CD$_3$OD）

根据化合物 **F-2** 的 HR-ESI-MS 确定其分子式为 $C_{19}H_{18}O_9$，不饱和度为 11。观察 ^{1}H NMR 谱图（400MHz），除氘代试剂的信号峰，氘代甲醇的信号峰在 δ_H 3.33ppm 左右，5.04ppm 左右的宽峰是水信号。

余下有 15 个氢，包括芳香氢 6 个（δ_H 6.87～7.89ppm），苯环 A 有 3 个氢，苯环 B 有 3 个氢（图 6.4），都是典型的 1,3,4-三取代苯环的峰形，各有一个 ^4J 耦合二重峰（H-2 和 H-2′），一个 ^3J 耦合二重峰（H-5 和 H-5′），一个双二重峰（H-6 和 H-6′）。

除芳香氢外，化合物 **F-2** 还有 7 个含氧氢[δ_H 5.33ppm 以及 2 个—OCH₃氢单峰信号 δ_H 3.84ppm（3H）和 δ_H 3.86ppm（3H）]和 2 个高场脂肪氢[δ_H 3.27ppm（$J=4.6$Hz，14.4Hz），δ_H 3.22ppm（$J=7.2$Hz，14.4Hz）]（图 6.5）。

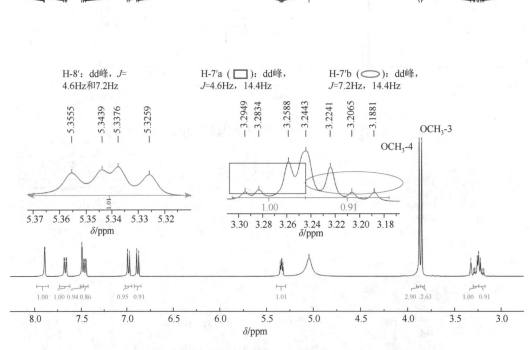

图 6.5　化合物 **F-2** 的 ^{1}H NMR 谱图（含高场放大）（400MHz，CD₃OD）

观察化合物 **F-2** 的 ^{13}C NMR 谱图（图 6.6），除去氘代试剂的信号峰，氘代甲醇的信号峰为 δ_C 48.36～49.64ppm 的七重峰（峰形 $=2D+1$），化合物 **F-2** 有 19 个碳信号，结合 DEPT 谱图确定其包括 2 个 CH₃、1 个 CH₂、7 个 CH 和 9 个季碳。分析各碳的化学位移，δ_C 173.3ppm（s）、172.9ppm（s）、167.0ppm（s）为 3 个羧基或者酯基。δ_C 111.8～162.2ppm 为 12 个芳香碳，正好属于两个苯环。δ_C 74.4ppm 为含氧取代碳（C-8′），δ_C 56.4ppm 和 56.4ppm 为 2 个氧取代甲基（OCH₃-3,4），δ_C 37.4ppm 为不含氧 CH₂（C-7′）。

通过 ^{1}H-^{1}H COSY 谱图可以看到 H-7′a 和 H-7′b 与 H-8′相关、H-5（H-5′）与 H-6（H-6′）相关（图 6.7），表明 C-7′与 C-8′相连，C-5 与 C-6 相连，C-5′与 C-6′相连。注意：由于 H-2

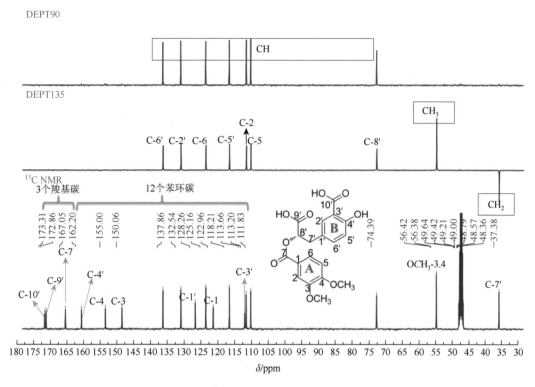

图 6.6 化合物 F-2 的 ¹³C NMR 和 DEPT 谱图（100MHz，CD₃OD）

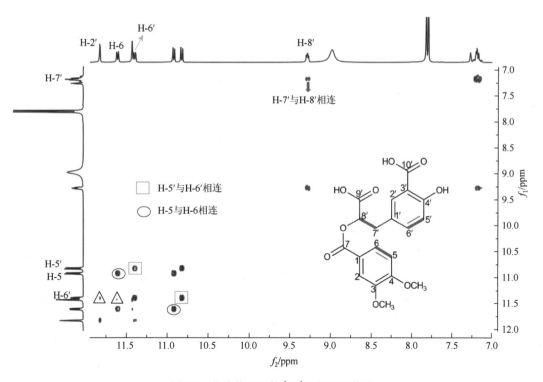

图 6.7 化合物 F-2 的 ¹H-¹H COSY 谱图

（H-2′）与 H-6（H-6′）存在 ^4J 耦合，因此在 ^{1}H-^{1}H COSY 谱图看到 H-2（H-2′）与 H-6（H-6′）存在弱相关，如图 6.7 中△所示。

HMQC 谱图表明了化合物 **F-2** 的碳氢一一对应关系（图 6.8），这个谱图在本解析中最重要的作用就是确定苯环碳氢的对应关系，为 HMBC 谱图的解析提供基础。

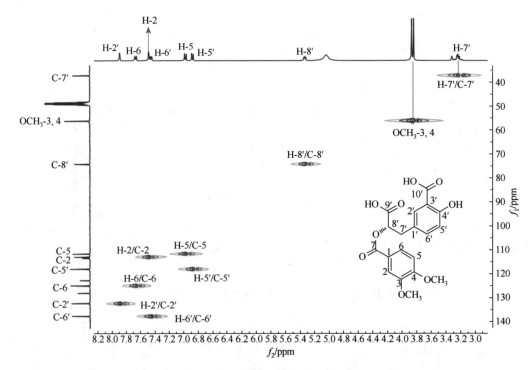

图 6.8　化合物 **F-2** 的 HMQC 谱图

在 HMQC 谱图的基础上，观察化合物 **F-2** 的 HMBC 谱图（图 6.9），OCH$_3$-3 与 C-3 相关、OCH$_3$-4 与 C-4 相关是甲氧基取代位置的关键证据。H-7′与 C-1′、C-2′、C-6′和 C-9′的 HMBC 相关，以及 H-8′与 C-1′和 C-9′的 HMBC 相关确定了 C-7′与 C-1′直接相连，且存在 C(7′)-C(8′)-C(9′)三碳链状片段，形成 C$_6$ + C$_3$ 的苯丙素结构片段。此外，可通过 H-8′与 C-7 的 HMBC 相关确定化合物 F-2 的两个结构片段通过 C(8′)-O-C(7)形成酯键连接。

通过 HMBC 放大谱（图 6.10）可确定苯环 A 的 6 个碳和苯环 B 的 6 个碳的取代情况，H-2′与 C-10′的 HMBC 相关表明 COOH-10′连接在 C-3′上。

F-2 的 ROESY 谱图（图 6.11）中的相关可反映各氢之间的空间距离。一般邻位氢之间或者同碳氢之间都有 ROESY 相关，这类相关对解析的帮助不大，如 H-7′a 和 H-7′b 与 H-8′的相关，H-5 与 H-6 的相关以及 H-5′与 H-6′的相关。H-7′和 H-8′与 H-2′的相关，H-7′与 H-6′的相关对于确定 C-7 侧链在苯环上的取代位置具有重要意义，侧链上的氢只能与取代位置相邻的氢 ROESY 相关。同样，OCH$_3$-3 与 H-2 的相关以及 OCH$_3$-4 与 H-5 的相关表明 OCH$_3$-3 与 H-2 相邻，OCH$_3$-4 与 H-5 相邻，这个结论可明确说明甲氧基的取代位置，这在所有类似结构单元解析中均具有重要作用。

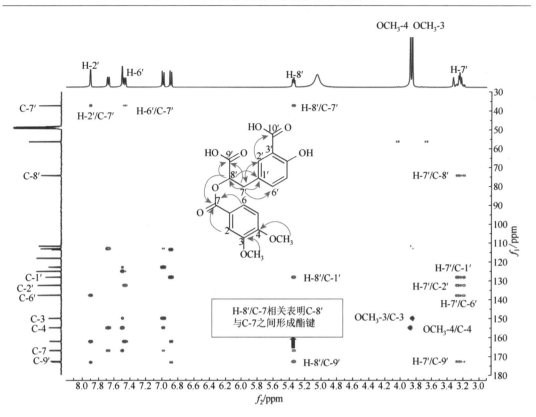

图 6.9　化合物 **F-2** 的 HMBC 谱图

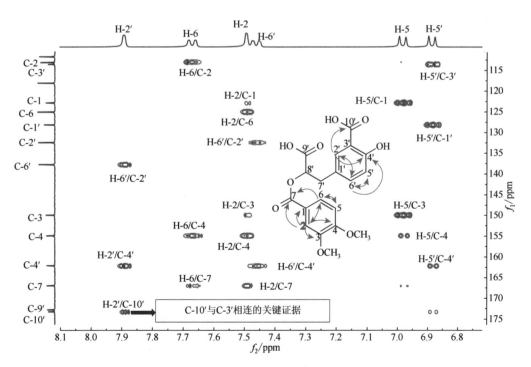

图 6.10　化合物 **F-2** 的 HMBC 谱图（局部放大）

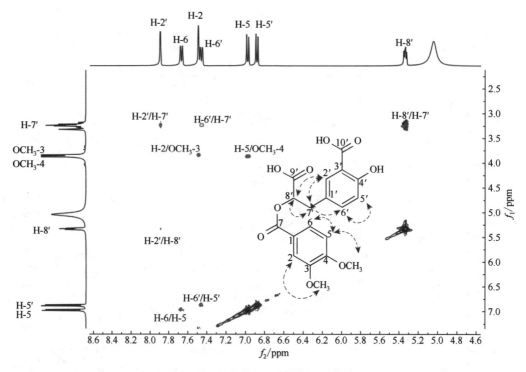

图 6.11　化合物 **F-2** 的 ROESY 谱图

　　至此可确定化合物 **F-2** 的结构，准确的数据归属详见表 6.1。但是手性碳 C-8′的绝对构型无法通过 ROESY 谱图确定，ROESY 谱图仅能确定化合物的相对构型，目前绝对构型的确定主要依赖三种方法——单晶 X 射线衍射、Mosher 法以及圆二色谱（CD）结合理论计算。

表 6.1　化合物 F-2 的 ^{1}H NMR（400MHz）和 ^{13}C NMR（100MHz）数据（CD$_3$OD）

序号	δ_C/ppm	δ_H/ppm（J/Hz）	序号	δ_C/ppm	δ_H/ppm（J/Hz）
1	123.0（s）		1′	128.3（s）	
2	113.2（d）	7.48（d，1.6）	2′	132.5（d）	7.89（d，1.6）
3	150.1（s）		3′	113.7（s）	
4	155.0（s）		4′	162.2（s）	
5	111.8（d）	6.97（d，8.4）	5′	118.2（d）	6.87（d，8.4）
6	125.2（d）	7.67（dd，8.4，1.6）	6′	137.9（d）	7.44（dd，8.4，1.6）
7	167.0（s）		7′	37.4（t）	H$_a$，3.27（dd，4.6，14.4） H$_b$，3.22（dd，7.2，14.4）
OCH$_3$-3	56.4（q）	3.84（s）	8′	74.4（d）	5.33（dd，7.2，4.8）
OCH$_3$-4	56.4（q）	3.86（s）	9′	172.9（s）	
			10′	173.3（s）	

6.2.2　木脂素

6.2.2.1　2, 4-diphenyl-4-methyl-1-pentene

2, 4-diphenyl-4-methyl-1-pentene（**F-3**）的分子式为 $C_{18}H_{20}$，其分子结构中仅含有碳和氢两种元素，比较特别（结构见图 6.12）。分析 ^1H NMR 和 ^{13}C NMR 可知 **F-3** 含有 12 个芳香碳，正好为两个苯环。结合含有 18 个碳，容易联想到 **F-3** 为含有两个 C_6-C_3 结构单元的木脂素，这样后续解析就变得比较容易。

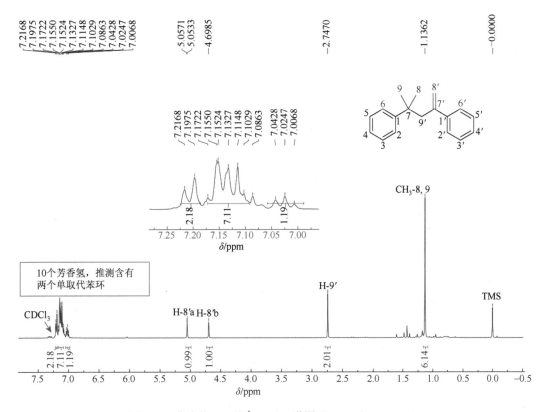

图 6.12　化合物 **F-3** 的 ^1H NMR 谱图（400MHz，CDCl₃）

首先分析 ^1H NMR 谱图（图 6.12），溶剂为 $CDCl_3$，由于样品量较大，溶剂峰不太明显，可通过最右边的 TMS 峰进行定标。通过积分面积可判断氢谱中 δ_H 1.14ppm 的单峰为 6 个氢。这表明存在 2 个与同一个季碳相连的化学等价的甲基(CH_3-8 和 CH_3-9)，δ_H 2.75ppm 单峰的积分面积为 2.01，表明有 2 个氢，应该为一个不与手性碳相连的 CH_2，且该 CH_2 与季碳相连（CH_2 为单峰），δ_H 4.70ppm 和 δ_H 5.05ppm 处是典型的末端双键的两个氢，通过 ^{13}C NMR 和 HMQC 谱图也可确认，根据末端双键 CH_2 在 ^1H NMR 谱图中的峰形，可判断双键的另一端为季碳。δ_H 7.01～7.22ppm 之间有 10 个氢（通过积分面积初步推断），表明 **F-3** 含有 10 个芳香氢，这样两个苯环都应该是单取代苯环，从苯环氢重叠的情况分析，苯环不可能与强吸电子基团或者强供电子基团相连。通过不饱和度计算，**F-3** 有 9 个不饱和度，正好为 2 个苯环和 1 个双键，表明该木脂素中间的 2 个 C_3 单元没有形成环。

^{13}C NMR 谱图（图 6.13）显示该化合物有 14 个 sp^2 杂化的碳，结合 DEPT 谱图可发现有 1 个末端双键。剩余 12 个芳香碳（根据峰高，可判断 δ_C 128.1ppm、128.0ppm、126.6ppm、126.0ppm 均为两个碳），表明 **F-3** 含有 2 个苯环。结合 DEPT 谱图，该化合物仅含有两个芳香季碳（除去末端双键的 1 个季碳），表明两个苯环均为单取代，正好对应 ^1H NMR 谱图中的 10 个芳香氢。每一个单取代苯环有两对碳化学等价，正好与碳谱中芳香区 4 个峰均含两个碳的情况吻合。δ_C 28.9ppm 对应 2 个 CH_3，δ_C 38.8ppm 为 1 个季碳，δ_C 49.7ppm 为 1 个 CH_2，因此该木脂素结构解析的最后问题就是 1 个末端双键、2 个 CH_3、1 个 CH_2 和 1 个季碳是如何连接的。

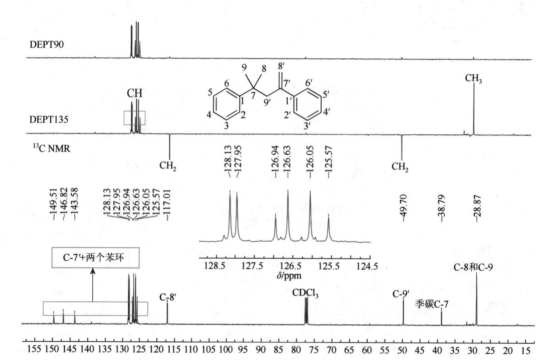

图 6.13 化合物 **F-3** 的 ^{13}C NMR 和 DEPT 谱图（100MHz，$CDCl_3$）

^1H-^1H COSY 谱图（图 6.14）反映的是质子与质子间的自旋耦合关系，一般是相邻碳上的氢互相相关，符合 ^3J 耦合。但该化合物中除了 ^3J 耦合，还有 ^2J 耦合和烯丙位耦合，^2J 耦合是 H-8′a 和 H-8′b 之间的耦合，烯丙位耦合是 H-8′ 与 H-9 之间的耦合。因此，在该化合物的 ^1H-^1H COSY 谱图中还存在 H-8′a 和 H-8′b 的相关，H-8′b 与 H-9 之间的相关（相对 ^3J 相关要弱，偶尔不能做出）。而苯环区由于氢较多且密集，不仅有 ^3J 耦合，而且有 ^4J 耦合，因此氢-氢化学位移相关比较重叠，不好辨认。

化合物 **F-3** 的 HMQC 谱图（图 6.15）表明 C 和 H 之间的对应关系，这个谱图可以在一定程度上反映各碳上所连氢的数量。这个谱图准确的归属，对于 HMBC 谱图的解析很重要。

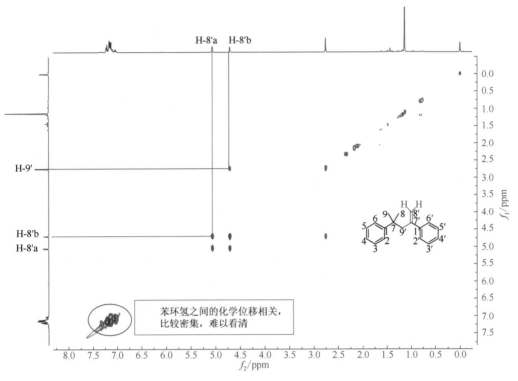

图 6.14　化合物 **F-3** 的 ^{1}H-^{1}H COSY 谱图

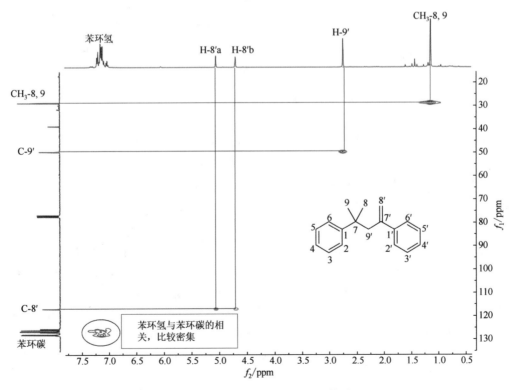

图 6.15　化合物 **F-3** 的 HMQC 谱图

化合物 **F-3** 的 HMBC 谱图（图 6.16）中 H-9′与 C-7′和 C-8′同时相关，表明末端双键季碳（C-8′）与 C-9′相连，H-9′又同时与 CH₃-8, 9 和 C-7 相关，表明 C-9′与 C-7 相连。至此 6 个非苯环碳的连接次序就得到了确定，苯环的连接位置可以通过 H-9′与 C-1′与 C-1 相关、CH₃-8, 9 与 C-1 相关、H-9′与 C-1′相关确定，至此就可完全确定化合物 **F-3** 的结构。

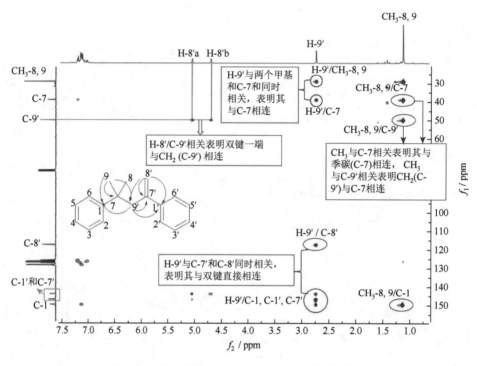

图 6.16　化合物 **F-3** 的 HMBC 谱图（局部放大）

化合物 **F-3** 的 ROESY 谱图（图 6.17）中 H-8′与 H-9′相关，CH₃-8, 9 与 H-9′相关，CH₃-8, 9 与 H-2, 6 相关，表明这些氢在空间上靠近，在解析上往往能够确定双键的顺反构型（**F-3** 中的双键不存在顺反构型）和苯环取代基的位置。

6.2.2.2　鬼臼毒素[73]

根据鬼臼毒素（**F-4**）的 HR-ESI-MS 确定其分子式为 $C_{22}H_{22}O_8$，不饱和度为 12。观察 ¹H NMR 谱图（600MHz），氘代氯仿的信号峰在 δ_H 7.26ppm 左右（图 6.18 和图 6.19）。

余下有 21 个氢，包括芳香氢 4 个（δ_H 6.36ppm，6.36ppm，6.49ppm，7.10ppm）。除芳香氢外，化合物 **F-4** 还有 14 个含氧氢[δ_H 4.73ppm，5.95ppm，5.96ppm，4.03ppm，4.55ppm 以及 3 个—OCH₃氢单峰信号 δ_H 3.73ppm（6H）和 δ_H 3.79ppm（3H）]，1 个低场脂肪氢 δ_H 4.56ppm（$J=4.7$Hz），以及 2 个高场脂肪氢[δ_H 2.77ppm 和 δ_H 2.82ppm（$J=4.6$Hz，14.2Hz）]。

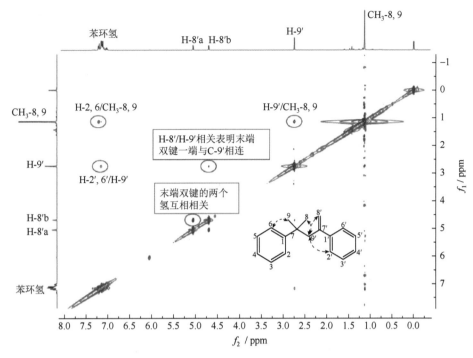

图 6.17　化合物 **F-3** 的 ROESY 谱图

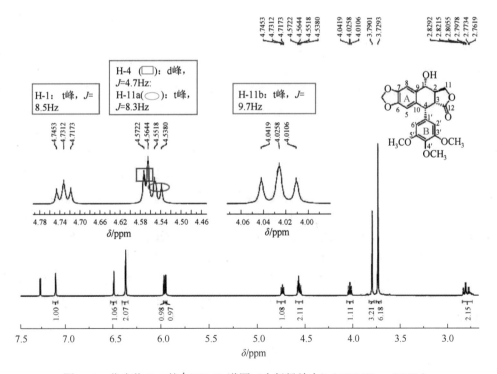

图 6.18　化合物 **F-4** 的 ¹H NMR 谱图（含低场放大）（600MHz，CDCl₃）

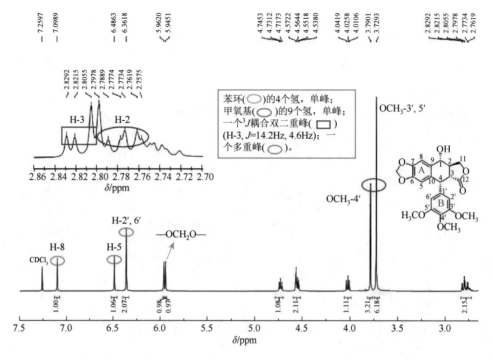

图 6.19　化合物 **F-4** 的 ^{1}H NMR 谱图（含高场放大）（600MHz，CDCl$_3$）

　　根据化合物结构，苯环上有 4 个 H，δ_H 7.10ppm，6.49ppm，6.36ppm（2H），均为单峰，推测为 H-8、H-5、H-2′和 H-6′，H-2′和 H-6′由于化学等价而完全重合；低场区 δ_H 5.95ppm 为—OCH$_2$O—上的两个氢，这个数据吻合 CH$_2$ 受到两个氧的诱导吸电子效应；低场区 δ_H 4.73ppm 为峰面积分接近 1 的三重峰，推测为与氧相连的 CH 即 H-1，因与—OH 和 H-2 发生 ^3J 耦合裂分为 t 峰，J=8.5Hz；低场区 δ_H 4.56ppm 处峰面积分为 1 的双重峰，推测为 H-4，因与 H-3 发生 ^3J 耦合裂分为 d 峰，J=4.7Hz；低场区 δ_H 4.55ppm、4.03ppm 处峰面积积分各为 1，推测为 H-11 上的 2 个氢，H-11 的 2 个氢自身会发生 ^2J 耦合，又会与 H-2 发生 ^3J 耦合，所以理论上这两个氢应该均为 dd 峰，但是 H-11b（δ_H 4.03ppm）实际接近三重峰，按照左边裂分计算耦合常数为 9.7Hz[(4.0419−4.0258)×600 = 9.7Hz]，按照右边裂分计算耦合常数为 9.1 Hz[(4.0258−4.0106)×600 = 9.1Hz]，推测 J_{11b-2} 和 $J_{11b-11a}$ 的耦合常数非常接近，故表现为三重峰。H-11a 与 H-4 有覆盖，峰形不能完全辨认，仔细观察谱图推测 H-11a 也是三重峰，耦合常数用右侧两个峰的化学位移计算（这部分没有覆盖）为 8.3Hz[(4.5518−4.5380)×600 = 8.3Hz]，表明 J_{11a-2} 和 $J_{11a-11b}$ 的耦合常数也很接近。在正常情况下，$J_{11b-11a}$ 和 $J_{11a-11b}$ 应该完全一致，这里出现微弱差异是由氢的覆盖和数据采集的微弱误差所引起。高场区 δ_H 2.81ppm 处峰面积积分接近 1，推测为 H-3，因与 H-2 和 H-4 分别发生 ^3J 耦合裂分为 dd 峰（两个耦合常数不同），J=4.6Hz，14.2Hz；高场区 δ_H 2.77ppm 处峰面积积分为 1，推测为 H-2，峰形较为复杂，计算耦合常数很困难，可认为是 m 峰。

　　观察化合物 **F-4** 的 ^{13}C NMR 谱图（图 6.20），先除去氘代试剂的信号峰，氘代氯仿的

信号峰为 δ_C 76.9～77.4ppm 的三重峰（峰形为 $2D+1$），化合物 **F-4** 有 22 个碳信号，结合 DEPT 谱图确定其包括 3 个 CH_3、2 个 CH_2、8 个 CH 和 9 个季碳。分析各碳的化学位移，δ_C 174.7ppm 为 1 个羧基或者酯基。δ_C 106.5～152.7ppm 为 12 个芳香碳，表明化合物 **F-4** 中具有两个苯环（A 和 B）。δ_C 60.9ppm 和 56.4ppm 处为 3 个甲氧基（OCH_3-4′、3′、5′，56.4ppm 为 2 个甲氧基碳重合），δ_C 101.5ppm 处的亚甲基表明其与两个氧原子相连（—OCH_2O—）。δ_C 72.8ppm、71.5ppm 分别为含氧取代的次甲基（C-1）和亚甲基（C-11）。

通过 ^1H-^1H COSY 谱图中 H-1 与 H-2、H-3 与 H-2、H-4 与 H-3、H-11b 与 H-2 相关（图 6.21）表明 C-1 与 C-2、C-2 与 C-3、C-3 与 C-4、C-2 与 C-11 相连。注意：由于 H-11a 与 H-11b 存在 ^2J 耦合，在 ^1H-^1H COSY 谱图中 H-11a 与 H-11b 同样存在相关，如图 6.21 ◯ 所示。

HMQC 谱图表明了化合物 **F-4** 的碳氢一一对应关系（图 6.22），该谱图在本解析中最重要的作用就是确定苯环碳氢的对应关系，为 HMBC 谱图的解析提供基础。**F-4** 中 H-11 的 2 个氢化学不等价（与手性碳相连），因此两个氢出现在不同的位置，在 HMBC 谱图中比较清楚。在解析 HMBC 谱图时要特别注意氢重合的位置，需要放大谱图进行归属，如 H-11a 和 H-4。

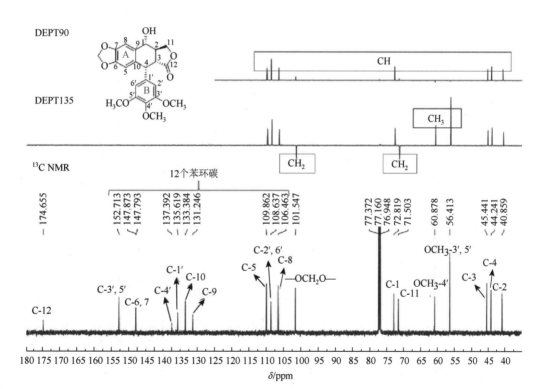

图 6.20　化合物 **F-4** 的 ^{13}C NMR 和 DEPT 谱图（150MHz，$CDCl_3$）

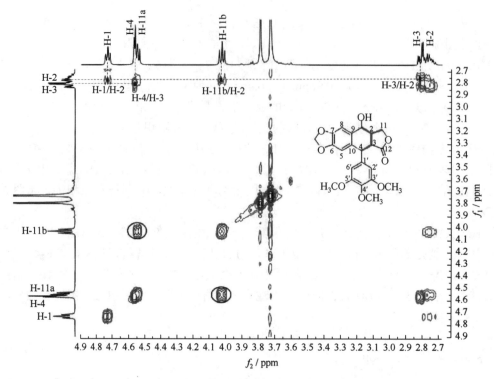

图 6.21　化合物 **F-4** 的 ¹H-¹H COSY 谱图

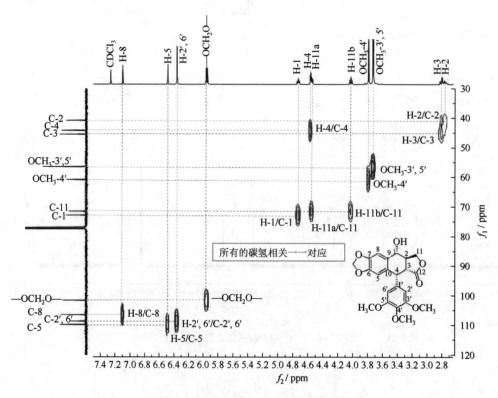

图 6.22　化合物 **F-4** 的 HMQC 谱图

在 HMQC 谱图的基础上，观察化合物 **F-4** 的 HMBC 谱图（图 6.23 与图 6.24），OCH₃-3′ 与 C-3′、OCH₃-4′与 C-4′以及 OCH₃-5′与 C-5′的相关表明三个甲氧基分别位于 C-3′、C-4′ 和 C-5′上。H-4 与 C-1′、C-2′和 C-6′，H-2′和 H-6′与 C-4，H-3 与 C-1′的 HMBC 相关确定 了 C-4 与 C-1′（苯环 B）直接相连。此外，可通过 H-11 与 C-12 的关键相关确定化合物 **F-4** 的 C-11 和 C-12 通过 C(11)-O-C(12)酯键连接，并且 H-11b 与 C-2 和 C-1、H-1 与 C-11 以及 H-3 与 C-12 的 HMBC 相关确定 C-2 与 C-11、C-3 与 C-12 直接相连。

通过 HMBC 放大谱图（图 6.24）可确定苯环 A 的 6 个碳和苯环 B 的 6 个碳，H-1 与 C-9 和 C-10，H-5 与 C-4 的 HMBC 相关确定 C-1 和 C-4 分别与苯环 A 的 C-9 和 C-10 相连。 —OCH₂O—与 C-6 和 C-7 的 HMBC 相关确定—OCH₂O—连接在苯环 A 的 C-6 和 C-7 上。 至此可确定化合物 **F-4** 的结构，并进行准确的数据归属。

ROESY 谱图表明了化合物 **F-4** 的空间上接近的两个质子之间的 NOE 信号，其反映 了相关质子的空间距离，可据此确定分子中某些基团的空间相对位置、立体构型及优势 构象，对研究分子的立体化学结构具有重要的意义（图 6.25）。ROESY 谱图中 H-1 与 H-3 和 H-11b，H-2′，6′与 H-2 的 NOE 相关表明 H-1、H-11 和 H-3 位于空间位置的同一侧， 即 β 位。相应地，H-2 与苯环 B 则位于空间位置的另一侧，即 α 位。至此，化合物 **F-4** 各手性碳的相对构型被确定为 $1R^*$, $2R^*$, $3R^*$, $4R^*$。同样，OCH₃-3′(5′)与 H-2′(6′)的相关表 明这 2 个甲氧基取代在 H-2′(6′)旁，对于甲氧基位置的确定有重要帮助。

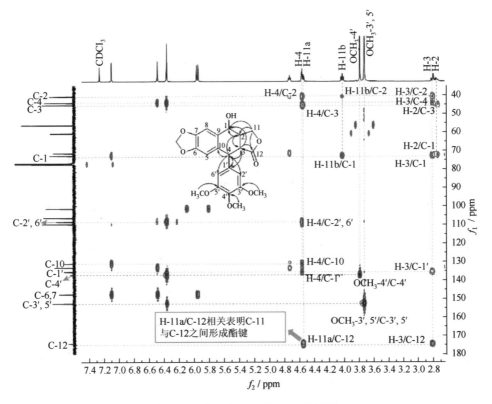

图 6.23　化合物 **F-4** 的 HMBC 谱图

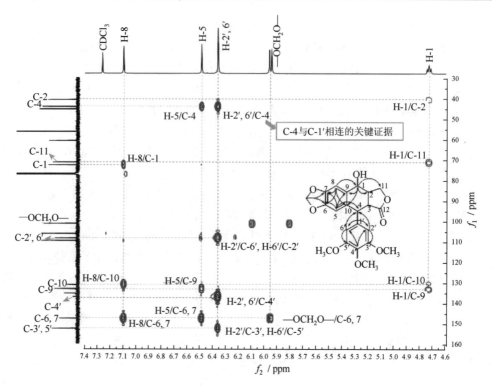

图 6.24　化合物 **F-4** 的 HMBC 谱图（局部放大）

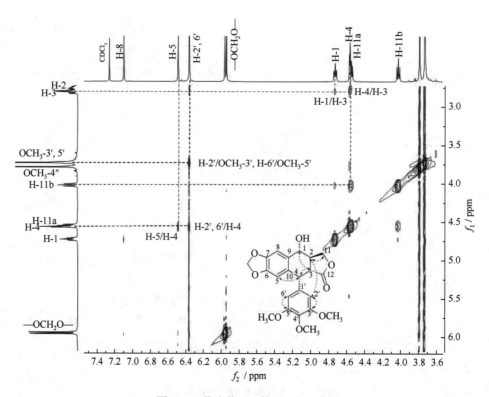

图 6.25　化合物 **F-4** 的 ROESY 谱图

至此，化合物 **F-4** 的结构得到完全确认，根据二维核磁共振谱对其碳氢数据进行了准确归属（表 6.2）。

表 6.2　化合物 F-4 的 ^{1}H NMR（600MHz）和 ^{13}C NMR（150MHz）数据（CDCl$_3$）

序号	δ_C/ppm	δ_H/ppm（J/Hz）	序号	δ_C/ppm	δ_H/ppm（J/Hz）
1	72.8（d）	4.73（t，8.5）	1'	135.6（s）	
2	40.9（d）	2.77（m）	2'	108.6（d）	6.36（s）
3	45.4（d）	2.82（dd，4.6，14.2）	3'	152.7（s）	
4	44.2（d）	4.56（d，4.7）	4'	137.4（s）	
5	109.9（d）	6.49（s）	5'	152.7（s）	
6	147.8（s）		6'	108.6（d）	6.36（s）
7	147.9（s）		OCH$_3$-3'	56.4（q）	3.73（s）
8	106.5（d）	7.10（s）	OCH$_3$-4'	60.9（q）	3.79（s）
9	131.2（s）		OCH$_3$-5'	56.4（q）	3.73（s）
10	133.4（s）		—OCH$_2$O—	101.5（t）	H$_a$，5.96（s）
11	71.5（t）	H$_a$，4.55（t，8.3）			H$_b$，5.95（s）
		H$_b$，4.03（t，9.7）			
12	174.7（s）				

6.2.2.3　Gomisin A[74]

Gomisin A（**F-5**）的分子式为 C$_{23}$H$_{28}$O$_7$，不饱和度为 10。

观察 ^{1}H NMR 谱图（图 6.26），氘代氯仿的信号峰为 δ_H 7.26ppm。有 2 个芳香氢均为单峰（δ_H 6.62ppm 和 6.47ppm），推测为 H-4 和 H-11；δ_H 5.95ppm 为—OCH$_2$O—基团上的 2 个氢，吻合 CH$_2$ 与 2 个氧相连的化学位移，且峰面积也符合 2 个氢；4 个甲氧基分别是 δ_H 3.90ppm（6 个 H，2 个甲氧基）、3.83ppm（3 个 H）和 3.51ppm（3 个 H）；H-9 和 H-6 的解析见图 6.26，H-8 的峰形比较复杂，理论上应该为 ddq，在谱图中由于活泼氢有覆盖，无法辨认，因此在归属时峰形可写成 m；活泼氢一般在 CDCl$_3$ 中可以做出，在脂肪碳上取代的羟基氢一般出现在 2.00ppm 附近，该化合物中 OH-7 出现在 1.88ppm；CH$_3$-18 与季碳相连，呈单峰，CH$_3$-17 与 CH 相连为二重峰，耦合常数为 7.3Hz。

观察化合物 **F-5** 的 ^{13}C NMR 谱图（图 6.27），其使用的氘代试剂为 CDCl$_3$，故可观察到 CDCl$_3$ 的三重峰。图中可见 23 个碳信号，结合 DEPT135 和 DEPT90 看出该化合物共有 3 个 CH、6 个 CH$_3$、2 个 CH$_2$、12 个季碳。其中不与氧原子相连的 CH$_3$ 化学位移值通常在 30ppm 以内，因此可推断该化合物有 2 个不含氧甲基（δ_C 30.2ppm，15.9ppm）、4 个甲氧基（δ_C 61.1ppm，60.7ppm，59.8ppm，56.1ppm）。根据化合物结构，苯环上不存在

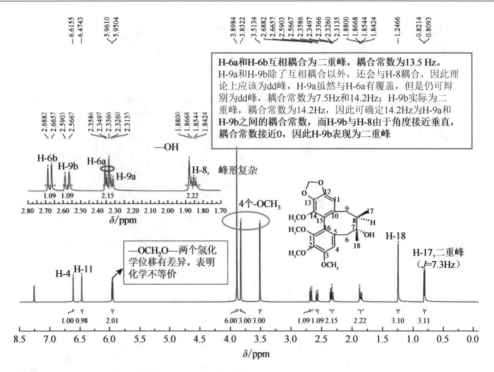

图 6.26　化合物 **F-5** 的 ^{1}H NMR 谱图（含高场放大）（600MHz，CDCl$_3$）

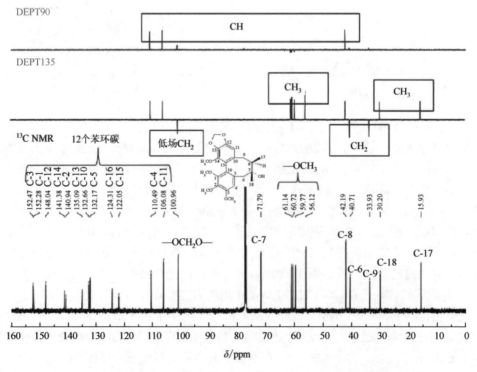

图 6.27　化合物 **F-5** 的 ^{13}C NMR 和 DEPT 谱图（150MHz，CDCl$_3$）

—CH₂，故低场区 δ_C 101.0ppm 处出现的亚甲基应为—OCH₂O—，其化学位移较低场是由于 2 个氧原子的吸电子去屏蔽效应；低场区的其余 12 个碳均为苯环上的碳，其中两个—CH（δ_C 106.1ppm，110.5ppm）为 C-11 与 C-4，与 ¹H NMR 一致，表明这 2 个苯环上仅有 2 个碳未被取代；δ_C 71.8ppm 处为非氧取代季碳 C-7；δ_C 42.2ppm 处的 CH 为 C-8；受季碳 C-7 羟基影响，甲基 C-18 上碳的化学位移值比 C-17 更靠近低场，故 2 个甲基归属分别为 δ_C 30.2ppm 应为 C-18，δ_C 15.9ppm 应为 C-17。

　　¹H-¹H COSY 谱图反映了化合物氢与氢之间的位置关系。从化合物 **F-5** 的 ¹H-¹H COSY 谱图（图 6.28）中可观察到 H-6a 与 H-6b，H-9a 与 H-9b 的 ²J 相关（虽然 H-6a 与 H-9a 有一定覆盖）；此外，H-17 与 H-8，H-8 与 H-9a 和 H-9b 之间也存在明显的 ³J 相关，表明 C-17 与 C-8 相连，C-8 又与 C-9 相连。

　　HMQC 谱图表明化合物 **F-5** 的碳氢一一对应关系（图 6.29），从谱图上可以通过已知位置的碳（氢）来找到与其相连的氢（碳），从图中可看出 C-6 与 C-9 亚甲基上的 2 个氢 H-6a 和 H-6b，H-9a 和 H-9b 分别在不同位置出峰，其中 δ_H 2.33ppm 处峰面积接近 2 的位置包含 H-6 与 H-9 的各一个氢。活泼氢 OH-7 在 HMQC 谱图中没有对应的碳，也是鉴别活泼氢的一种方式。各甲氧基的氢和碳之间的相关较为密集，但在放大谱图中基本能够分辨（见图 6.29 中放大图）。

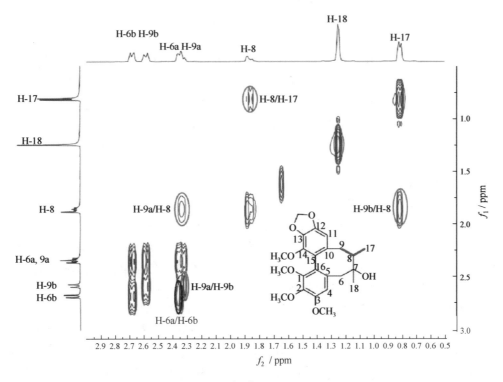

图 6.28　化合物 **F-5** 的 ¹H-¹H COSY 谱图（局部放大）

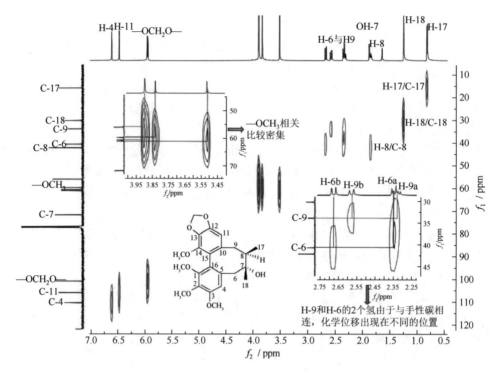

图 6.29　化合物 **F-5** 的 HMQC 谱图

　　HMBC 谱图反映了化合物上 2～3 个化学键的氢原子和碳原子之间的相关，HMBC 谱图对于碳氢数据归属作用很大，一般是先确定最容易归属的氢或者碳，然后根据相关逐步归属。化合物 **F-5** 中最容易确定的应该是 2 个不连氧的高场甲基，即 H-17 和 H-18。H-17 在 ^{1}H NMR 谱图中为 1 个二重峰的甲基，很容易确定具体位置，**F-5** 的 HMBC 谱图中（图 6.30）H-17 与 3 个碳存在 HMBC 相关，即 C-7、C-8 和 C-9。H-18 在 ^{1}H NMR 谱图中为一个高场的单峰甲基，H-18 同样与 3 个碳存在 HMBC 相关，即 C-6、C-7 和 C-8，至此很容易确定 C-6～C-9 的化学位移。

　　根据 H-6 与 C-4 或者 H-4 与 C-6 的 HMBC 相关［图 6.31（a）］可以确定 H-4 和 C-4 的化学位移分别为 δ_H 6.62ppm 和 δ_C 110.5ppm，根据 H-9 与 C-11 或者 H-11 与 C-9 的 HMBC 相关可以确定 H-11 和 C-11 的化学位移分别为 δ_H 6.47ppm 和 δ_C 106.1ppm。根据 H-4 与 C-3 和 C-2 的 HMBC 相关［图 6.31（b）］，可确定 C-2 和 C-3 的化学位移分别为 140.9ppm 和 152.5ppm，如何区分 C-2 和 C-3 呢？可以根据共轭效应来进行分析，氧原子由于孤对电子存在会通过 p-π 共轭对苯环产生屏蔽作用，特别是对氧原子取代基的邻对位屏蔽作用较强，化合物 **F-5** 中 C-2 受到 C-1 和 C-3 上 2 个氧原子的邻位屏蔽，而 C-3 只受到 C-2 上氧原子的邻位屏蔽，因此 C-2 的化学位移应比 C-3 更偏向高场，可确定 C-2 为 δ_C 140.9ppm，C-3 为 δ_C 152.5ppm。根据 H-11 与 C-12 和 C-13 的 HMBC 相关［图 6.31（b）］可推断 C-12 和 C-13 的化学位移分别为 148.0ppm 和 135.1ppm。C-12 和 C-13 的区分同样根据共轭效应，C-13 受到 2 个氧原子的邻位屏蔽，C-12 仅受到 1 个氧原子的邻位屏蔽，因此 C-12 的化学位移为 148.0ppm，C-13 的化学位移为 135.1ppm。根据—OCH$_2$O—与 C-12 和 C-13 的 HMBC

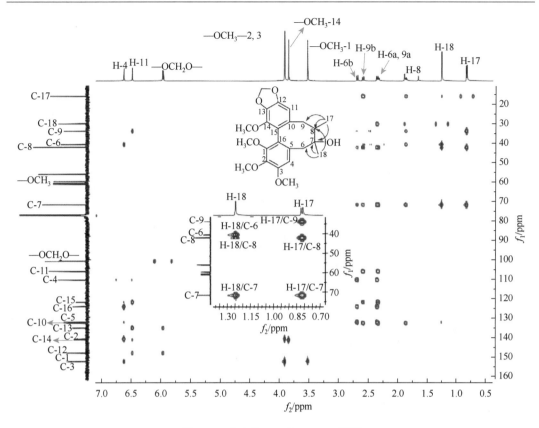

图 6.30　化合物 **F-5** 的 HMBC 谱图

相关可确定该亚甲二氧基取代位置为 C-12 和 C-13［图 6.31（b）］。图 6.31（c）中反映的是 H-6 和 H-9 与低场碳的 HMBC 相关，在一般情况下化学不等价的 CH$_2$ 的两个氢的 HMBC 相关是一致的，从图中可清楚观察到 H-6 与 C-4、C-5 和 C-16 的 HMBC 相关，H-9 与 C-10、C-11 和 C-15 的 HMBC 相关。

　　这里需要注意的是：理论上来说，C-14 和 C-1 难以通过二维核磁共振谱分辨，因为没有氢与这两个碳之间存在三键以内的 HMBC 相关。但是，在化合物 **F-5** 的 HMBC 谱图中正好存在 H-11 与 C-14 的 HMBC 四键相关［图 6.31（b）中红色标记］，四键相关一般只在不饱和体系如苯环中存在，根据这个重要的相关可以确定 C-14 为 141.4ppm，C-1 为 152.3ppm。根据 δ_H 3.90ppm 与 C-2 和 C-3 的 HMBC 相关［图 6.31（d）］，可以确定 δ_H 3.90ppm 的 6 个氢为 OCH$_3$-2 和 OCH$_3$-3，根据 δ_H 3.83ppm 与 C-14 和 δ_H 3.51ppm 与 C-1 的 HMBC 相关表明 δ_H 3.83ppm 处为 OCH$_3$-14，δ_H 3.51ppm 处为 OCH$_3$-1。

　　放大 H-6、H-8 和 H-9 与高场碳的 HMBC 相关（图 6.32），可以看到 H-6 与 C-7、C-8 和 C-18 存在 HMBC 相关，H-9 与 C-7、C-8 和 C-17 存在 HMBC 相关。从图中可发现 H-6 和 H-9 各自两个氢的 HMBC 相关有差异，H-6a 与 C-18 相关（H-6b 与 C-18 未见 HMBC 相关），H-9b 与 C-17 相关（H-9a 与 C-17 的 HMBC 相关很弱，要采集较深才能看到），同一个 CH$_2$ 上两个氢的 HMBC 相关偶尔会不完全一致，只要 CH$_2$ 中的一个氢在 HMBC

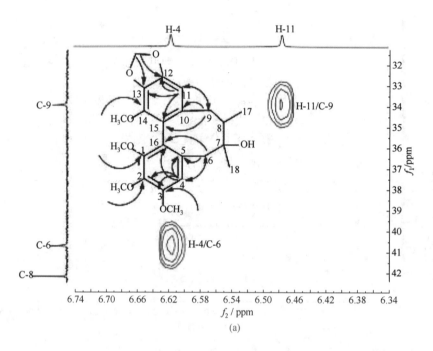

(a)

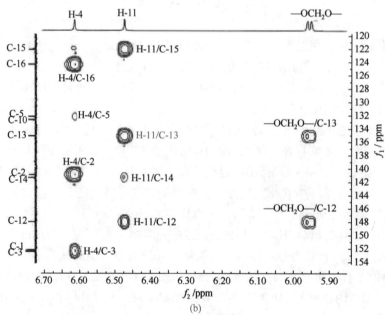

(b)

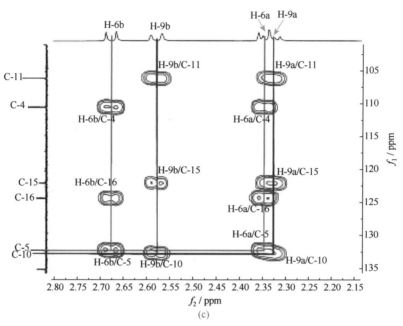

(c)

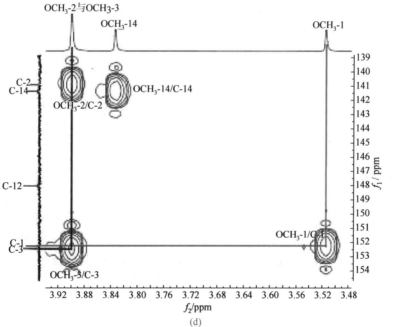

(d)

图 6.31　化合物 **F-5** 的 HMBC 谱图（局部放大一）

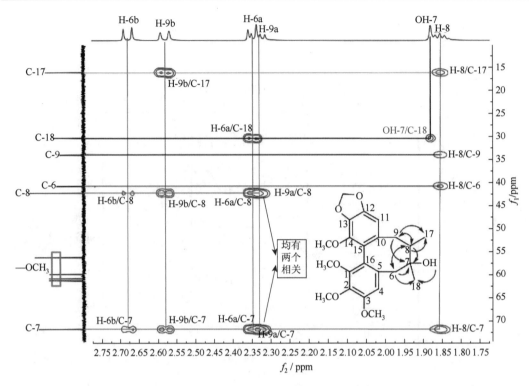

图 6.32　化合物 **F-5** 的 HMBC 谱图（局部放大二）

谱图中观察到与某个碳相关，即可认定这两个碳的位置理论上要满足 HMBC 相关。从图 6.32 中可见 H-8 与 C-6、C-7、C-9 和 C-17 存在 HMBC 相关，H-8 与 C-18 的相关较弱，加深采集后才可发现。从图中还可看到 OH-7 与 C-18 的 HMBC 相关（图 6.32 中红色标记），这种活泼氢的 HMBC 相关很多时候不一定能够做得出来，但在解析中往往有重要作用。

化合物 **F-5** 的 ROESY 谱图（图 6.33）对于手性碳 C-7 和 C-8 的相对构型确定具有重要作用，通过 H-17 与 H-18 的 NOE 相关可以确定 CH_3-17 和 CH_3-18 处于八元环的同一个方向，从谱图中还可观察到邻位氢和同碳氢相关，这类相关在解析中作用较小。

至此化合物 **F-5** 的相对构型得以确认，所有的碳氢数据得到准确归属（表 6.3）。

表 6.3　化合物 F-5 的 ^{1}H NMR（600MHz）和 ^{13}C NMR（150MHz）数据（CDCl$_3$）

序号	δ_C/ppm	δ_H/ppm（J/Hz）	序号	δ_C/ppm	δ_H/ppm（J/Hz）
1	152.3（s）		5	132.2（s）	
2	140.9（s）		6	40.7（t）	2.67（d, 13.5） 2.34（d, 7.9）
3	152.5（s）		7	71.8（s）	
4	110.5（d）	6.62（s）	8	42.2（d）	1.85（dd, 14.6, 7.2）

序号	δ_C/ppm	δ_H/ppm（J/Hz）	序号	δ_C/ppm	δ_H/ppm（J/Hz）
9	33.9（t）	2.33（d，7.5）	14	141.4（s）	
		2.59（d，14.2）	15	122.0（s）	
OCH$_3$-2	60.7（q）	3.90（s）	16	124.3（s）	
OCH$_3$-3	61.1（q）	3.90（s）	17	15.9（q）	0.82（d，7.3）
10	132.7（s）		18	30.2（q）	1.25（s）
11	106.1（d）	6.47（s）			
12	148.0（s）		OCH$_3$-1	56.1（q）	3.51（s）
13	135.1（s）		OCH$_3$-14	59.8（q）	3.83（s）

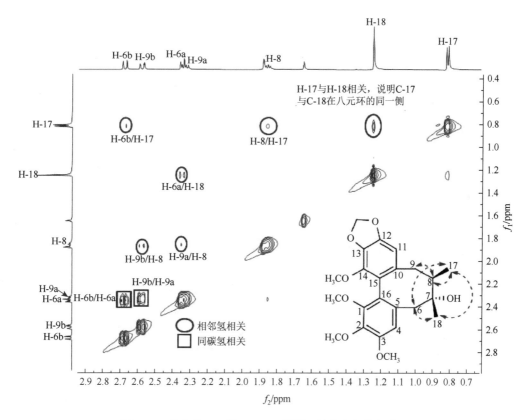

图 6.33　化合物 **F-5** 的 ROESY 谱图（放大有相关部分）

第7章　环肽类化合物核磁共振图解实例

环肽是指一类由氨基酸通过肽键连接形成的环状化合物，天然产物研究从植物、微生物、动物中发现大量的环肽类化合物，这些成分化学结构新奇多样，骨架中除了常见氨基酸，也包括非常见氨基酸，连接方式除了肽键还有酯键、醚键等，氨基酸边链能成环，时有糖苷键和长边链。很多环肽具有良好的生物活性，如抗菌、抗肿瘤和免疫抑制等活性。其广泛的分布、新奇的结构和较强的活性引起了广大天然产物研究者的兴趣[75]。周俊和谭宁华报道了一种专一的植物环肽的薄层化学识别新方法，为环肽的发现提供了有效的筛选手段[76]。

7.1　常见氨基酸的类型及其核磁特征

7.1.1　常见氨基酸的类型

氨基酸是蛋白质的基本构成单位，大多数蛋白质是由 20 种氨基酸以不同比例按不同方式组成的，20 种氨基酸分别是甘氨酸（glycine，Gly）、丙氨酸（alanine，Ala）、缬氨酸（valine，Val）、亮氨酸（leucine，Leu）、异亮氨酸（isoleucine，Ile）、苯丙氨酸（phenylalanine，Phe）、脯氨酸（proline，Pro）、色氨酸（tryptophan，Trp）、丝氨酸（serine，Ser）、酪氨酸（tyrosine，Tyr）、半胱氨酸（cysteine，Cys）、甲硫氨酸（methionine，Met）、天冬酰胺（asparagine，Asn）、谷氨酰胺（glutamine，Gln）、苏氨酸（threonine，Thr）、天冬氨酸（aspartic acid，Asp）、谷氨酸（glutamic acid，Glu）、赖氨酸（lysine，Lys）、精氨酸（arginine，Arg）和组氨酸（histidine，His）。天然的氨基酸大多是 L 构型的，少数为 D 构型。以下是 20 种 L-氨基酸的结构式（图 7.1）。

| 甘氨酸 | 丙氨酸 | 亮氨酸 | 异亮氨酸 | 缬氨酸 | 脯氨酸 |

| 苯丙氨酸 | 甲硫氨酸 | 色氨酸 | 丝氨酸 | 谷氨酰胺 |

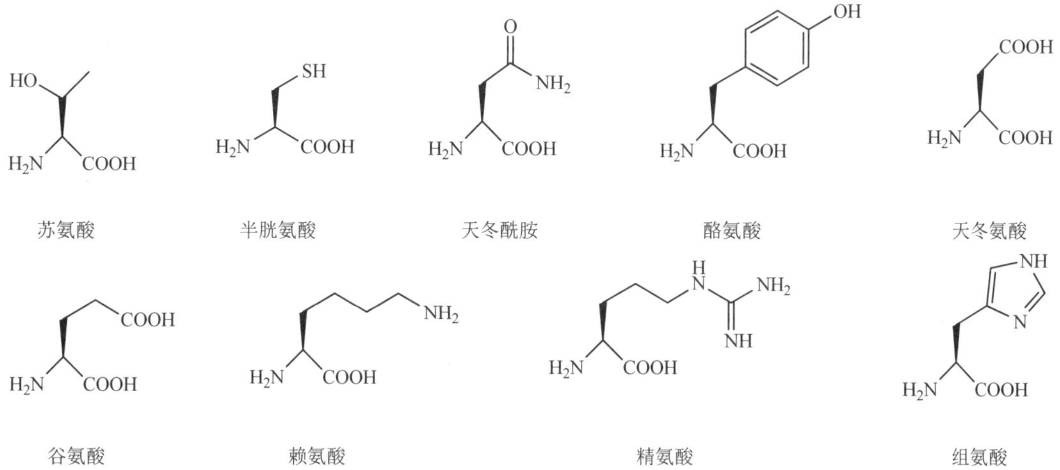

图 7.1　20 种 L-氨基酸的结构式

7.1.2　常见氨基酸的核磁特征[77]

　　根据氨基和羧基的相对位置，氨基酸可分为 α-氨基酸、β-氨基酸和 γ-氨基酸等。氨基酸残基侧链氨基酸质子峰主要出现在 δ_H 6.51～8.46ppm 的低场区；但氨基酸中的 α-H 峰则在 δ_H 4.16ppm 场区附近。单个逐一测试氨基酸核磁共振波谱发现，氨基酸质子峰的排布和特征也具有一定规律性，如缬氨酸、亮氨酸、异亮氨酸、丙氨酸和赖氨酸等侧链上质子信号主要出现在高场区；精氨酸、半胱氨酸等侧链上质子信号既出现在高场区，也出现在低场区；而苯丙氨酸、组氨酸和酪氨酸等除它们的 α-H 出现在高场区，其余质子峰都出现在低场区。氨基酸在核磁共振碳谱中也有一定的规律，下面是 20 种氨基酸残基的 ^{13}C NMR 数据（图 7.2）。

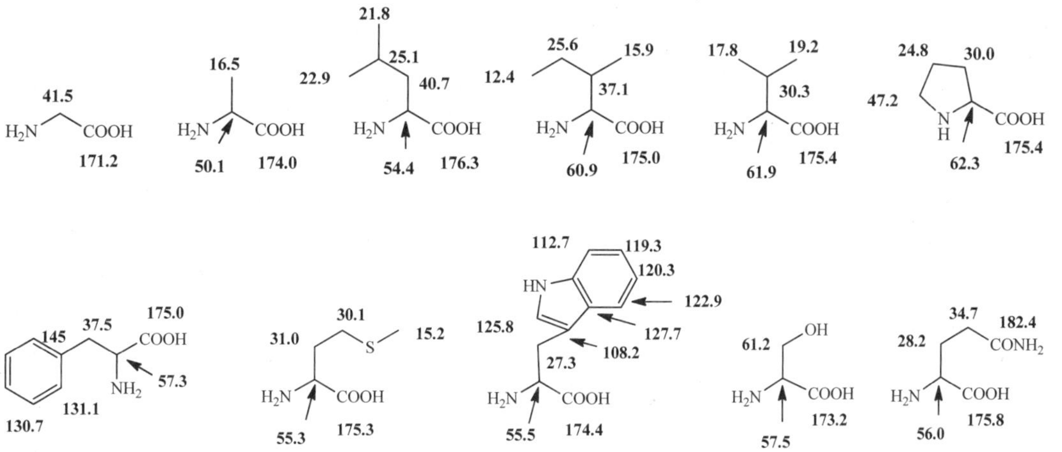

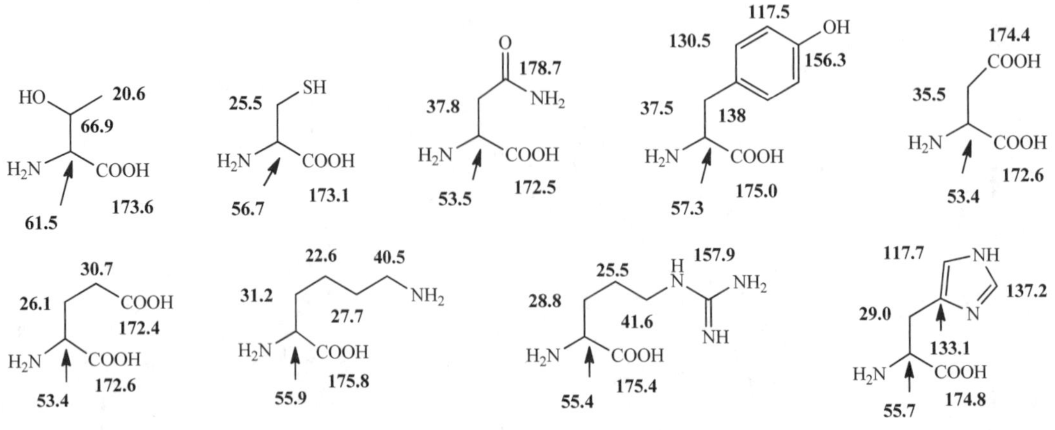

HO　20.6
66.9
H₂N　COOH
61.5　173.6

SH
25.5
H₂N　COOH
56.7　173.1

O　178.7
NH₂
37.8
H₂N　COOH
53.5　172.5

117.5
130.5　OH
156.3
37.5　138
H₂N　COOH
57.3　175.0

174.4
COOH
35.5
H₂N　COOH
53.4　172.6

30.7
26.1　COOH
172.4
H₂N　COOH
53.4　172.6
55.9

22.6　40.5
31.2　NH₂
27.7
H₂N　COOH
55.9　175.8

25.5　157.9
H
28.8　N　NH₂
41.6
H₂N　COOH
55.4　175.4

117.7　NH
137.2
29.0
N
133.1
H₂N　COOH
55.7　174.8

图 7.2　20 种氨基酸残基的 ¹³C NMR 数据（单位：ppm）

7.2　核磁共振图解实例

7.2.1　cyclo(D-Val(Ⅰ)-L-Ile-D-Ala-L-Val(Ⅱ)-Hppa)

　　环肽类化合物的结构解析主要是确定构成环肽的氨基酸种类及其他结构单元、构成环肽的氨基酸的连接顺序。以环酯肽类化合物 cyclo(D-Val(Ⅰ)-L-Ile-D-Ala-L-Val(Ⅱ)-Hppa)（**G-1**）为例说明。化合物 **G-1** 是从 *Streptomyces* sp. S2236 中分离得到的一种环酯肽化合物，我们通过氢谱、碳谱、DEPT 谱、¹H-¹H COSY 谱、HMQC 谱和 HMBC 谱对其结构进行解析[78]。

　　在化合物 **G-1** 的核磁共振氢谱中（图 7.3），化学位移在 δ_H7.59~8.56ppm 之间有 4 个氢质子的信号，是典型的活泼氢信号，由于该结构属于环肽类化合物，则初步推测为氨基酸的 NH 的信号。在低场区，δ_H 7.28ppm（1H，t），7.35ppm（2H，t），7.46ppm（2H，d）的信号提示结构中存在单取代的苯结构。δ_H 6.27ppm（1H，dd，$J = 16.0$Hz，7.0Hz），6.67ppm（1H，d，$J = 16.0$ Hz）提示有一个双键结构，从它的耦合常数（$J = 15.9$ Hz）说明是一个反式双键。δ_H 5.50ppm（1H，m）提示为一个含氧的 CH，推测结构中有酯键。化学位移 δ_H 4.10~4.35ppm 之间有 4 个氢的信号，可能为 4 个氨基酸的 α-H，推测结构中可能有 4 个氨基酸残基。在高场区，δ_H 0.60~3.50ppm 之间的信号提示结构中存在多个氨基酸的支链。

　　在化合物 **G-1** 的核磁共振碳谱中（图 7.4），化学位移在 δ_C 168~175ppm 之间有 5 个羰基的信号，结合前面的氢谱分析，说明结构中存在 4 个酰胺键和 1 个酯键。化合物 G-1 碳谱中的 δ_C 127.0ppm（d）和 129.2ppm（d）的信号明显比其他信号的强度大，考虑结构中存在对称的苯环结构，并且结合 δ_C 128.6ppm（d）和 135.8ppm（s）的信号，说明是 1 个单取代的苯；另外 δ_C 127.2ppm（d）和 132.9ppm（d）说明结构中还有 1 个双键。δ_C 73.5ppm（d）的信号说明是 1 个含氧的 CH，结合结构中存在酯键，那么该次甲基可能与酯键相连。在 δ_C 49.3~58.8ppm 之间的 4 个碳谱信号，说明结构中有 4 个氨基酸的 α-C（C-2），其他高场的碳信号属于氨基酸支链的结构，通过碳谱和氢谱的综合分析，我们可以确定该结构存在 4 个氨基酸和 1 个酯键。

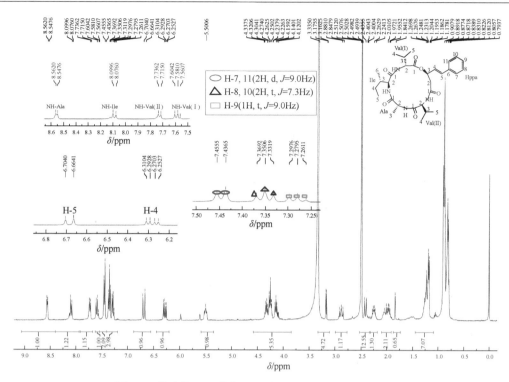

图 7.3　化合物 **G-1** 的 ¹H NMR（400MHz，DMSO-d_6）

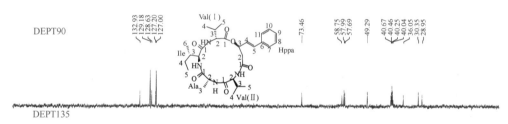

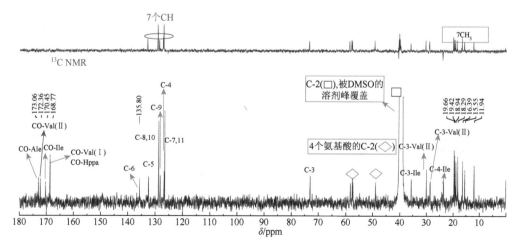

图 7.4　化合物 **G-1** 的 ¹³C NMR 和 DEPT 谱图（100MHz，DMSO-d_6）

　　通过环肽结构解析的关键点还要判断氨基酸的类型，从碳谱中发现除了氨基酸的 4 个 α-C 信号，还有 3 个 CH 信号、7 个 CH₃ 信号和 1 个 CH₂ 信号，由于环肽中的氨基酸大多属于常见氨基酸，因此根据氨基酸的碳谱特征信号，推测该结构中存在 2 个缬氨酸（Val）、1 个异亮氨酸（Ile）和 1 个丙氨酸（Ala），除去以上结构，碳谱中还有 1 个羧基信号、1 个含氧的 CH 信号、1 个双键信号和 1 个单取代苯信号，因此剩下的结构为 3-羟基-5-苯-4-戊烯酸残基。氨基酸和 3-羟基-5-苯-4-戊烯酸残基的连接，通过二维核磁技术来确认，氨基酸残基质子和碳的归属可以应用许多 2D NMR 技术如 COSY、DQF、RELAY、TOCSY、HMBC、NOESY、HMQC 和 COLOC 等单项或多项搭配完成。氨基酸连接顺序应用 COSY、COLOC、RELAY、HMBC、NOESY 和 ROESY 等技术确定。以下通过二维核磁的解析对该结构进行鉴定。

　　在化合物 **G-1** 的 ¹H-¹H COSY 谱图中（图 7.5），有 4 个 NH 的信号，根据氨基酸的结构特征，NH 是和 α-C（C-2）相连的，接着又和氨基酸的支链相连。因此我们可以通过 ¹H-¹H COSY 谱图来鉴定其氨基酸的类型，从 ¹H-¹H COSY 谱图中显示 4 个不同的 NH 分别与 H-2（α-H）相连，H-2 与 H-3 相连，H-3 与 H-4 相连。从 ¹H-¹H COSY 谱图得到的结构与我们通过 1D NMR 得到的氨基酸残基是吻合的。另外，3-羟基-5-苯-4-戊烯酸残基的 ¹H-¹H COSY 相关也和谱图是一致的。含氧 CH（H-3）与 CH₂（H-2）相关，H-3 与双键氢（H-4）相关，H-4 与 H-5 相关，即单取代苯质子氢的相关。氨基酸和 3-羟基-5-苯-4-戊烯酸残基的连接顺序需通过 HMBC 进行确认（图 7.6）。

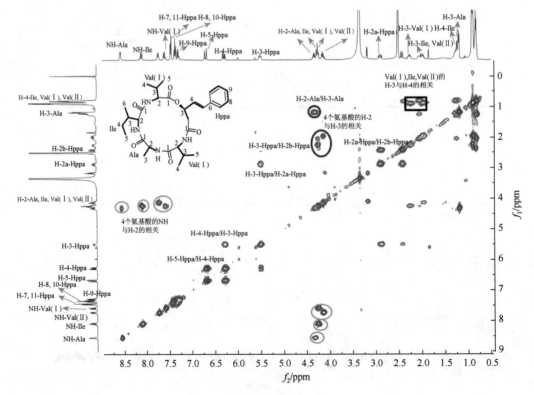

图 7.5　化合物 **G-1** 的 ¹H-¹H COSY 谱图

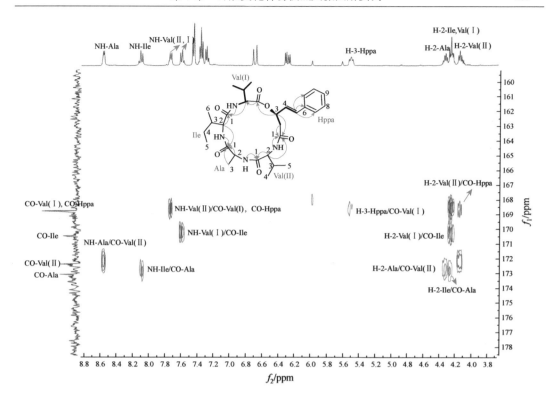

图 7.6　化合物 **G-1** 的 HMBC 谱图

环肽是由氨基酸通过酰胺键或肽键连接而成的，可以通过酰胺键的羰基和相邻 NH、α-H（H-2）的相关，确定氨基酸的连接顺序。在化合物 **G-1** 的 HMBC 谱图中（图 7.6），可以清楚地看到 H-2-Val（Ⅰ）、NH-Val（Ⅰ）与 CO-Ile 相关，H-2-Ile、NH-Ile 与 CO-Ala 相关，NH-Ala 与 CO-Val（Ⅱ）相关，确定其 4 个氨基酸的连接顺序为 -Val（Ⅰ）-Ile-Ala-Val（Ⅱ）-。接着通过 H-2-Val（Ⅱ）、NH-Val（Ⅱ）与 CO-Hppa 的相关，H-3-Hppa 与 CO-Val（Ⅰ）的相关，确定整个环酯肽的连接顺序为 cyclo（Val（Ⅰ）-Ile-Ala-Val（Ⅱ）-Hppa）。氨基酸的绝对构型利用 Marfey 的改良方法确定为 L-Val-D-Val-L-Ile-D-Ala，因此，化合物 **G-1** 为 cyclo（D-Val（Ⅰ）-L-Ile-D-Ala-L-Val（Ⅱ）-Hppa），结构式见图 7.7。化合物 **G-1** 的 NMR 数据见表 7.1。

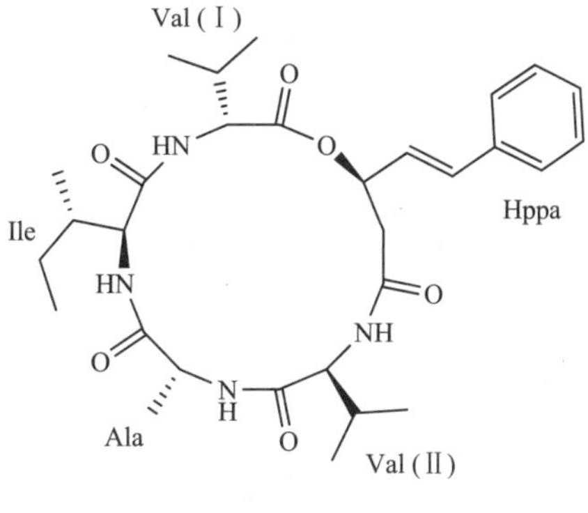

图 7.7　化合物 **G-1** 的结构式

表 7.1 化合物 G-1 的 ^{1}H NMR（400MHz）和 ^{13}C NMR（100MHz）数据（DMSO-d_6）

氨基酸	序号	δ_H/ppm(J/Hz)	δ_C/ppm
Val（Ⅰ）	1	—	168.8
	2	4.24（1H，m）	58.8
	3	2.25（1H，m）	29.0
	4	0.90（3H，d，6.2）	18.9
	5	0.90（3H，d，6.2）	19.7
	NH	7.59（1H，d，8.5）	—
Ile	1	—	170.4
	2	4.26（1H，m）	57.7
	3	2.04（1H，m）	36.0
	4	1.23（2H，m）	23.6
	5	0.81（3H，m）	11.9
	6	0.82（3H，m）	15.6
	NH	8.09（1H，d，9.4）	—
Ala	1	—	173.1
	2	4.32（3H，m）	49.3
	3	1.18（3H，d，6.6）	16.4
	NH	8.56（1H，d，5.6）	—
Val（Ⅱ）	1	—	172.4
	2	4.14（1H，t，7.2）	58.0
	3	1.96（1H，m）	30.3
	4	0.88（3H，d，5.6）	18.3
	5	0.88（3H，d，5.6）	19.4
	NH	7.73（1H，d，8.3）	—
Hppa	1	—	168.8
	2	2.88（1H，dd，13.7，11.4）	40.7
		2.42（1H，d，13.4）	
	3	5.50（1H，m）	73.5
	4	6.27（1H，dd，16.0，7.0）	127.2
	5	6.67（1H，d，15.9）	132.9
	6	—	135.8
	7，11	7.46（2H，d，9.0）	127.0
	8，10	7.35（2H，t，7.3）	129.2
	9	7.28（1H，t，7.3）	128.6

7.2.2　cyclo(L-Tyr-L-Pro-L-Phe-4-hydroxy-L-Pro)

化合物 cyclo(L-Tyr-L-Pro-L-Phe-4-hydroxy-L-Pro)（**G-2**）是从 *Streptomyces* sp. YIM67005 中分离得到的一种环四肽类化合物，我们利用氢谱、碳谱、DEPT 谱、HMQC 谱、^{1}H-^{1}H COSY 谱、HMBC 谱和 ROESY 谱对其结构进行解析[79]。

在化合物 **G-2** 核磁共振氢谱（图 7.8）中，化学位移在 δ_H8.65～8.85ppm 之间有 2 个氢质子的信号，是典型的活泼氢信号，由于该结构属于环肽类化合物，则初步推测为 NH 的信号；在低场区，δ_H 7.50ppm（2H，d），7.27ppm（2H，t），7.21ppm（1H，d）的信号提示结构中存在单取代的苯，δ_H 7.43ppm（2H，d），7.12ppm（2H，d）的信号提示结构中存在对位羟基取代的苯。通过氨基酸的类型分析，可能结构中存在苯丙氨酸（Phe）和酪氨酸（Tyr）。由于结构中还有 2 个氨基酸的残基，而 NH 只有 2 个，所以推测结构中可能含有脯氨酸。而在高场区，δ_H0.90～4.00ppm 之间的信号提示结构中存在多个氨基酸的支链。

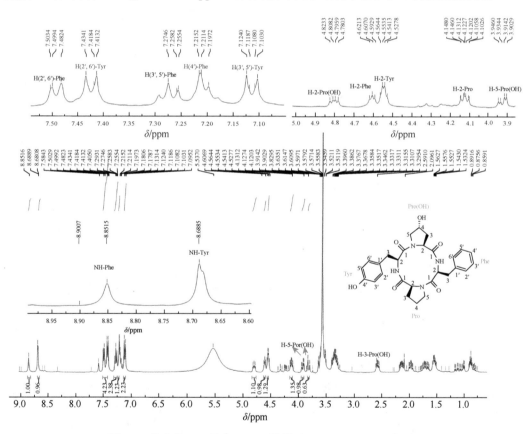

图 7.8　化合物 **G-2** 的 ^{1}H NMR 谱图（500MHz，pyridine-d_5）

在化合物 **G-2** 的核磁共振碳谱（图 7.9）中，化学位移在 δ_C165～172ppm 之间有 4 个羰基的信号，结合前面的氢谱分析，说明结构中存在 4 个酰胺键。在碳谱中的 δ_C116.4ppm（d）、129.0ppm（d）、130.4ppm（d）、131.6ppm（d）的信号明显比其他信号的强度大，考虑结构中存在对称的苯环结构，并且结合 δ_C 157.9ppm（s）和 127.2ppm（s）的信号，说明是 1 个对位羟基取代的苯和 1 个单取代的苯。结合氢谱分析，确定化合物 **G-2** 中有 1 个苯丙氨酸和 1 个酪氨酸。在碳谱中 δ_C 22.0～55.0ppm 的 7 个 CH_2 信号，除去苯丙氨酸和酪氨酸 2 个 CH_2 信号，剩下的 5 个 CH_2 信号可能为脯氨酸的信号。δ_C 68.1ppm（d）处的信号说明是一个含氧的 CH，结合结构中存在羟基脯氨酸的信号，那么化合物 **G-2** 中另外 2 个氨基酸分别为 1 个脯氨酸和 1 个羟基脯氨酸。在 δ_C 56.9～59.6ppm 之间的 4 个 CH 碳谱信号，说明结构中有 4 个氨基酸的 α-C（C-2），其他高场的碳信号属于氨基酸支链的结构。通过碳谱和氢谱的综合分析，我们可以确定该结构存在 4 个氨基酸：1 个苯丙氨酸、1 个酪氨酸、1 个脯氨酸、1 个羟基脯氨酸。4 个氨基酸的连接顺序需通过 2D NMR 谱进行确认，以下我们通过 2D NMR 谱的解析对该结构进行鉴定。

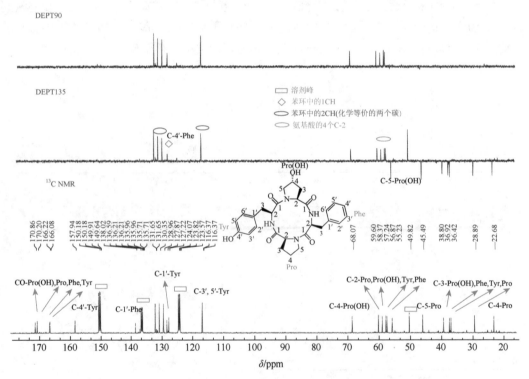

图 7.9　化合物 **G-2** 的 ^{13}C NMR 和 DEPT 谱图（125MHz, pyridine-d_5）

在化合物 **G-2** 的 ^{1}H-^{1}H COSY 谱图中（图 7.10），有 4 个氨基酸的 α-H（H-2）的信号，根据氨基酸的结构特征，α-C 是和 β-C（C-3）相连的，接着又和氨基酸的支链相连。因此，可以通过 ^{1}H-^{1}H COSY 谱来鉴定其氨基酸的类型，在 ^{1}H-^{1}H COSY 谱图中显示 4 个不同的 α-H 与 β-H（H-3）相连，H-3 与氨基酸的支链相连，包括 Pro(OH)的 α-H 与 H-3 的相关，H-3 与 H-4 的相关，H-4 与 H-5 的相关；Pro 的 H-2 与 H-3 的相关，H-3 与 H-4 的相关，H-4 与 H-5 的相关；Tyr 的 H-2 与 H-3 的相关，Tyr 的 H-3′, 5′ 与 H-2′, 6′ 的相关；Phe 的 H-2 和 H-3 的相关，Phe 的 H-3′, 5′ 与 H-2′, 6′ 的相关，H-4′ 与 H-3′, 5′ 的相关。与通过 1D NMR 谱得到的氨基酸残基是吻合的。氨基酸的连接顺序可以通过 HMBC 谱进行确认。

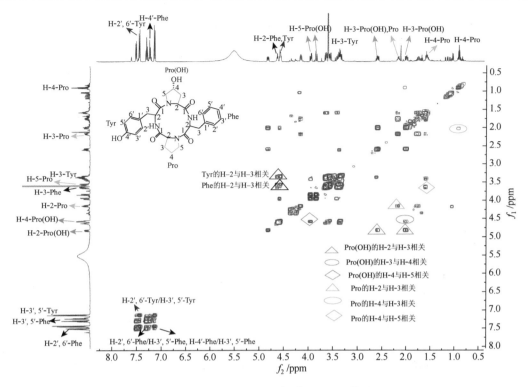

图 7.10　化合物 **G-2** 的 ^{1}H-^{1}H COSY 谱图

在化合物 **G-2** 的 HMBC 谱图中（图 7.11），可以清楚地看到 Phe 的 NH 与 CO 的相关，Tyr 的 NH 与 CO 的相关；Phe 的 NH 和 Pro(OH) 的 CO 相关，Tyr 的 NH 与 CO-Pro 相关；Phe 和 Tyr 的 H-2 与 CO 的相关，Pro(OH) 的 H-2 与 CO 相关，Pro 的 H-2 和 CO 相关；Tyr 的 CO 与 H-5-Pro(OH) 相关，Phe 的 CO 与 H-5-Pro 相关，说明了四个氨基酸残基的连接顺序为 cyclo(Tyr-Pro-Phe-4′-hydroxy-Pro)。氨基酸的绝对构型利用 Marfey 的改良方法确定为 L-Tyr-L-Pro-L-Phe-4′-hydroxy-L-Pro，因此化合物 **G-2** 为 cyclo(L-Tyr-L-Pro-L- Phe-4′-hydroxy-L-Pro)，结构式见图 7.12，化合物 **G-2** 的 NMR 数据见表 7-2。

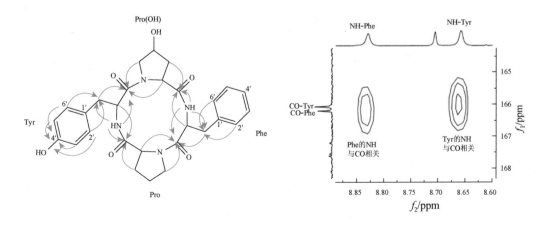

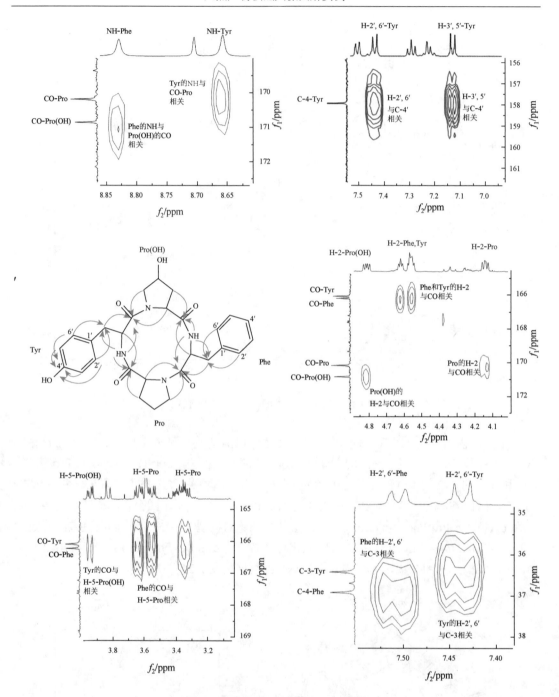

图 7.11　化合物 **G-2** 的 HMBC 谱图

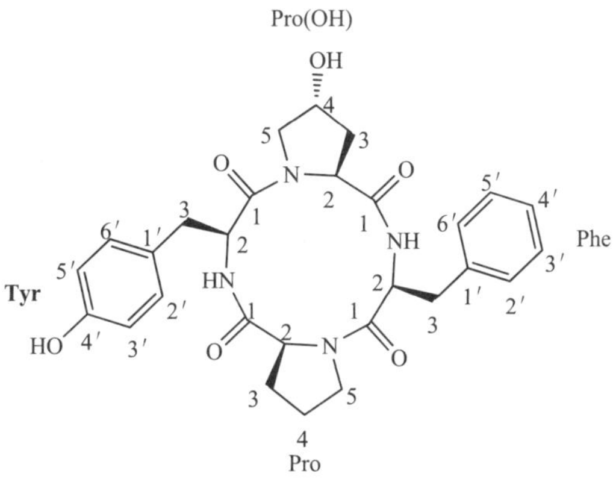

图 7.12 化合物 **G-2** 的结构式

表 7.2 化合物 G-2 的 ^{1}H NMR（500MHz）和 ^{13}C NMR（125MHz）数据（pyridine-d_5）

氨基酸	序号	δ_H/ppm（J/Hz）	δ_C/ppm	氨基酸	序号	δ_H/ppm（J/Hz）	δ_C/ppm
	1	—	166.1		1	—	166.2
	2	4.55（1H, t, 5.0）	57.2		2	4.62（1H, t, 6.0）	56.9
	3	3.53（1H, m）	36.4		3	3.65（1H, m）	36.9
		3.32（1H, m）	—			3.38（1H, m）	—
Tyr	1′	—	127.9	Phe	1′	—	138.0
	2′/6′	7.43（2H, d, 8.3）	131.6		2′/6′	7.50（1H, d, 8.5）	129.0
	3′/5′	7.12（2H, d, 8.3）	116.4		3′/5′	7.27（2H, t, 7.0, 8.5）	130.4
	4′	—	157.9		4′	7.21（2H, d, 7.0）	127.2
	NH	8.69（1H, br s）	—		NH	8.85（1H, brs）	—
	1	—	170.2		1	—	170.9
	2	4.15（1H, dd, 7.0, 3.0）	59.6		2	4.82（1H, dd, 6.0, 5.2）	58.4
	3	2.16（1H, m）	28.9		3	2.61（1H, m）	38.8
		1.75（1H, m）	—			1.99（1H, m）	—
Pro	4	1.58（1H, m）	22.7	Pro(OH)	4	4.57（1H, m）	68.1
		0.90（1H, m）	—				
	5	3.62（1H, m）	45.5		5	3.94（1H, dd, 13.1, 5.0）	54.4
		3.40（1H, m）	—			3.83（1H, d, 13.1）	—

7.2.3 cyclo(Gly-L-Trp-D-Leu2-L-Leu1-L-Ile-L-Asn)

化合物 cyclo(Gly-L-Trp-D-Leu2-L-Leu1-L-Ile-L-Asn)（**G-3**，desotamide）是一种来源于链霉菌中的代谢产物，由 6 个氨基酸组成的环六肽类化合物[80]。我们利用氢谱、碳谱、DEPT 谱、HMQC 谱、COSY 谱及 HMBC 谱对化合物 **G-3** 的结构进行解析。

　　在化合物 **G-3** 的核磁共振氢谱中（图 7.13），化学位移在 δ_H 7.50～11.00ppm 之间有 9 个氢质子的信号，是典型的活泼氢信号，由于该结构属于环肽类化合物，则初步推测为 NH 的信号。在低场区，δ_H 7.50ppm（1H，d）、7.32ppm（1H，d）、7.12ppm（1H，d）、7.06ppm（1H，t）、6.98ppm（1H，t）的信号提示结构中存在 Typ 色氨酸的结构。化学位移 δ_H3.20～4.60ppm 之间有 7 个氢质子的信号，推测结构中有多个氨基酸残基。在高场区，δ_H0.60～3.50ppm 之间的信号提示结构中存在多个氨基酸的支链。

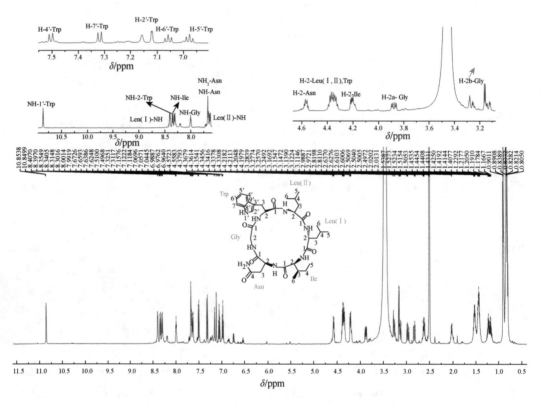

图 7.13　化合物 **G-3** 的 ^{1}H NMR 谱图（600MHz，DMSO-d_6）

　　在化合物 **G-3** 的核磁共振碳谱中（图 7.14），化学位移在 δ_C 170～180 之间有 7 个羧基的碳信号，结合前面的氢谱分析，说明结构中存在 7 个酰胺键。通过碳谱分析确定该结构存在 6 个氨基酸，其中包括 1 个甘氨酸、1 个色氨酸[δ_C123.7ppm（s），127.2ppm（s），136.2ppm（s）信号表明有 1 个色氨酸残基]和 2 个亮氨酸。碳谱化学位移在 δ_C 50～60ppm 的 5 个 CH 信号，是 5 个氨基酸的 α-C（C-2），在高场区有 6 个甲基、6 个亚甲基和 3 个次甲基信号，考虑结构中有 6 个氨基酸残基，推测化合物 **G-3** 中还含有 1 个甘氨酸和 1 个天冬酰胺，符合羧基的数量。6 个氨基酸的连接顺序需通过二维核磁谱进行确认。以下我们通过二维核磁的解析对该结构进行鉴定。

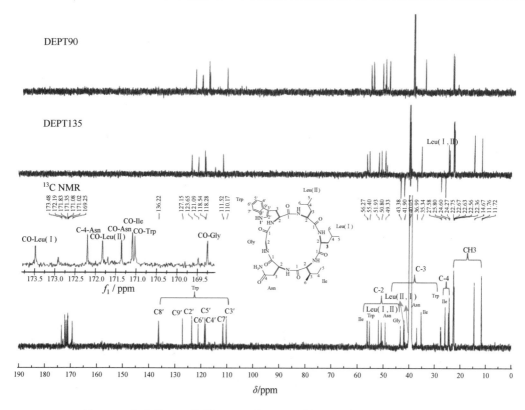

图 7.14　化合物 **G-3** 的 ^{13}C NMR 和 DEPT 谱图（150MHz，DMSO-d_6）

在化合物 **G-3** 的 ^{1}H-^{1}H COSY 谱图中（图 7.15），有 6 个氨基酸的 6 个 NH 的信号，从 ^{1}H-^{1}H COSY 谱图中显示 6 个不同的氨基酸的 N-H 和 α-H 相关，α-H 与 β-H 相关，包括 Trp、Gly、Asn、Ile 以及 2 个 Leu 的信号。这些信号与通过一维核磁得到的氨基酸残基是吻合的。下面通过 HMBC 对氨基酸的连接顺序进行确认。

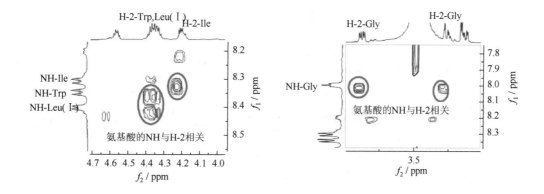

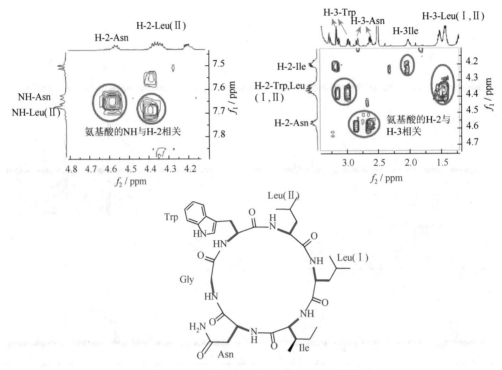

图 7.15　化合物 **G-3** 的 ^{1}H-^{1}H COSY 谱图

在化合物 **G-3** 的 HMBC 谱图中(图 7.16),清楚地显示 Gly 的 CO 和 Trp 的 NH 相关,说明 Gly-Trp 相连,Leu(Ⅱ)的 CO 和 Leu(Ⅰ)的 NH 相关,说明 Leu(Ⅰ)-Leu(Ⅱ)相连,Leu(Ⅰ)的 CO 和 Ile 的 NH 相关,说明 Leu(Ⅰ)-Ile 相连;Trp 的 CO 和 Leu(Ⅱ)的 NH 相关,说明 Trp-Leu(Ⅱ)相连,Ile 的 CO 与 Asn 的 NH 相关,说明 Ile-Asn 相连,Asn 的 CO 与 Gly 的 H-2 相关,说明 Asn-Gly 相连,则 6 个氨基酸残基的连接顺序为 cyclo(Gly-Trp-Leu-Leu-Ile-Asn)。氨基酸的绝对构型利用 Marfey 的改良方法确定为 L-Trp-L-Asn-L-Ile-L-Leu-D-Leu,其中 Leu(Ⅰ)和 Leu(Ⅱ)的绝对构型利用合成的方法确定,因此化合物 G-3 为 cyclo(Gly-L-Trp-D-Leu(Ⅰ)-L-Leu(Ⅱ)-L-Ile-L-Asn),结构式见图 7.17,化合物 **G-3** 的 NMR 数据见表 7.3。

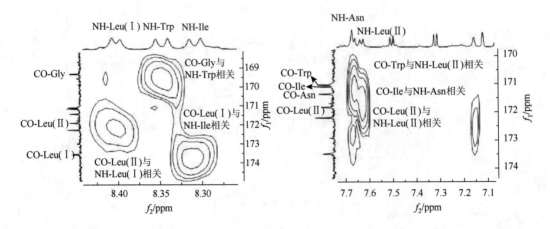

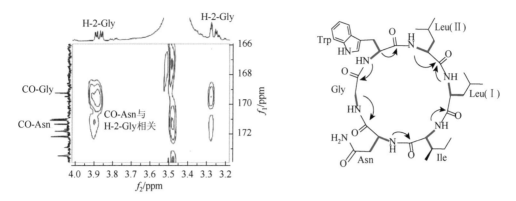

图 7.16　化合物 **G-3** 的 HMBC 谱图

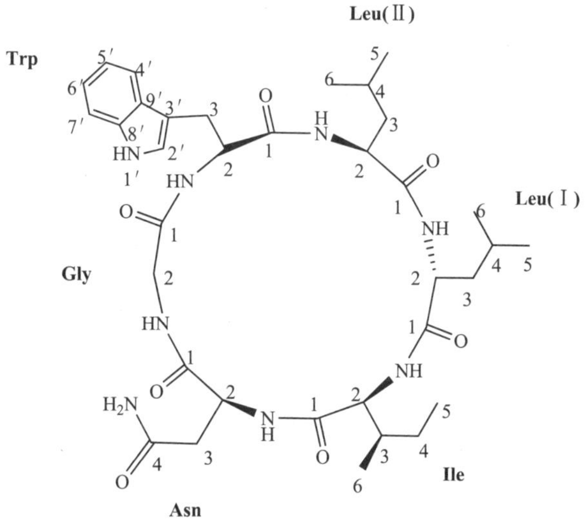

图 7.17　化合物 **G-3** 的结构式

表 7.3　化合物 G-3 的 ¹H NMR（600MHz）和 ¹³C NMR（150MHz）数据（DMSO-d_6）

Residue	序号	δ_H/ppm（J/Hz）	δ_C/ppm	Residue	序号	δ_H/ppm（J/Hz）	δ_C/ppm
Trp	1	—	171.0		5′	6.98（1H，t，7.2）	118.5
	2	4.34（m）	55.4		6′	7.07（1H，t，7.2）	121.1
	3	3.13（1H，dd，15.0，4.8） 2.97（1H，dd，14.8，10.2）	27.6	Trp	7′	7.32（1H，d，8.1）	111.5
	2-NH	8.35（1H，d，8.4）			8′	—	136.2
	1′（NH）	10.85（1H，d，2.3）			1		169.3
	2′	7.12（1H，d，2.0）	123.7	Gly	2	3.88（1H，dd，16.2，6.2） 3.28（1H，dd，15.6，4.8）	43.4
	3′	—	110.2				
	9′	—	127.2		NH	8.00（1H，t，5.4）	
	4′	7.50（1H，d，8.1）	118.3				

Residue	序号	δ_H/ppm（J/Hz）	δ_C/ppm	Residue	序号	δ_H/ppm（J/Hz）	δ_C/ppm
Asn	1		171.4	Leu(I)	1		173.5
	2	4.57（1H，m）	49.3		NH	8.39（1H，d，8.5）	
	3	2.83（1H，dd，16.2，5.4）	37.0		2	4.35（1H，m）	51.9
		2.64（1H，dd，16.2，5.7）			3	1.43（2H，m）	40.0
	4		172.2		4	1.53（1H，m）	24.3
	NH$_2$	7.67，7.67（2H，s）			5	0.84（3H，d，6.0）	22.4
	NH	7.60（1H，d，8.5）			6	0.84（3H，d，6.0）	22.6
					NH	8.40（1H，d，6.0）	
Ile	1		171.1	Leu(II)	1		171.8
	2	4.21（1H，dd，7.3，4.7）	56.3		2	4.36（1H，m）	50.8
	3	2.02（1H，m）	35.3		3	1.43（2H，m）	41.9
	4	1.20（2H，m）	25.8		4	1.53（1H，m）	24.6
	5	0.82（3H，t，6.0）	11.8		5	0.89（3H，d，6.0）	22.6
	6	0.84（3H，d，6.7）	14.7		6	0.89（3H，d，6.0）	22.8
	NH	8.31（1H，d，8.4）			NH	7.66（1H，d，8.5）	

参 考 文 献

[1] 宁永成. 有机化合物结构鉴定与有机波谱学 [M]. 2 版. 北京：科学出版社，2000.

[2] Williamson M. P，Havel T F，Wüthrich K. Solution conformation of proteinase inhibitor IIA from bull seminal plasma by 1 H nuclear magnetic resonance and distance geometry [J]. Journal of Molecular Biology，1985，182（2）：295-315.

[3] Dunn W B，Broadhurst D I，Atherton H J，et al. Systems level studies of mammalian metabolomes：the roles of mass spectrometry and nuclear magnetic resonance spectroscopy [J]. Chemical Society Reviews，2010，40（1）：387-426.

[4] 钟军，蒋雪梅. 核磁共振波谱在药物研发中的应用进展 [J]. 光谱学与光谱分析，2015，35（1）：282-286.

[5] 王桂芳，马廷灿，刘买利. 核磁共振波谱在分析化学领域应用的新进展 [J]. 化学学报，2012，70（19）：2005-2011.

[6] Silverstein R M，Webster F X，Kiemle D J，et al. Spectrometric Identification of Organic Compounds [M]. 7th Edition. New York：John Wiley & Sons，2005.

[7] Helgaker T，Jaszuński M，Ruud K. *Ab initio* methods for the calculation of NMR shielding and indirect spin-spin coupling constants [J]. Chemical Reviews，1999，99（1）：293-352.

[8] 常建华，董绮功. 波谱原理及解析 [M]. 2 版. 北京：科学出版社，2005.

[9] Asahi Research Center. Handbook of Proton-NMR Spectra and Data [M]. New York：Academic Press，1997.

[10] Elgabarty H，Khaliullin R Z，Kühne T D. Covalency of hydrogen bonds in liquid water can be probed by proton nuclear magnetic resonance experiments [J]. Nature Communications，2015，6：8318.

[11] 龚运淮，丁立生. 天然产物核磁共振碳谱分析[M]. 昆明：云南科技出版社，2006.

[12] Mitchell T N，Costisella B. NMR-From Spectra to Structures：An Experimental Approach [M]. New York：Springer Verlag，2004.

[13] Szachniuk M，Popenda M，Adamiak R W，et al. An assignment walk through 3D NMR spectrum [C]. IEEE Conference on Computational Intelligence in Bioinformatics & Computational Biology，IEEE2009.

[14] Dong J W，Cai L，Li X J，et al. Monoterpene esters and aporphine alkaloids from *Illigera aromatica* with inhibitory effects against cholinesterase and NO production in LPS-stimulated RAW264.7 macrophages [J]. Archives of Pharmacal Research，2016，40（12）：1-9.

[15] Dong J，Zhao L，Cai L，et al. Antioxidant activities and phenolics of fermented *Bletilla formosana* with eight plant pathogen fungi [J]. Journal of Bioscience & Bioengineering，2014，118（4）：396-399.

[16] Dong J W，Cai L，Li X J，et al. Two new peroxy fatty acids with antibacterial activity from *Ophioglossum thermale* Kom [J]. Fitoterapia，2016，109：212-216.

[17] Wang D，Du N，Wen L，et al. An efficient method for the preparative isolation and purification of flavonoid glycosides and caffeoylquinic acid derivatives from leaves of *Lonicera japonica* Thunb. Using high speed counter-current chromatography（HSCCC）and prep-HPLC guided by DPPH-HPLC experiments [J]. Molecules，2017，22（2）：229.

[18] Gad M H，Tuenter E，Nagwa E，et al. Identification of some bioactive metabolites in a fractionated methanol extract from *Ipomoea aquatica*（Aerial Parts）through TLC，HPLC，UPLC-ESI-QTOF-MS and LC-SPE-NMR fingerprints analyses [J]. Phytochemical Analysis，2018，29（1）：5-15.

[19] Wan C X，Zhang P H，Luo J G，et al. Homoflavonoid glucosides from *Ophioglossum pedunculosum* and their anti-HBV activity [J]. Journal of Natural Products，2011，74（4）：683-689.

[20] Yang M H，Fang Y S，Cai L，et al. A new flavone C-glycoside and a new bibenzyl from *Bulbophyllum retusiusculum* [J]. Natural Product Research，2016，30（14）：1617-1622.

[21] Chen X，Veitch N C，Houghton P J，et al. Flavone C-glycosides from *Viola yedoensis* Makino [J]. Cheminform，2010，35（12）：1204-1207.

[22] Vitalini S，Flamini G，Valaguzza A，et al. *Primula spectabilis* Tratt. aerial parts：Morphology，volatile compounds and flavonoids [J]. Phytochemistry，2011，72（11-12）：1371-1378.

[23] Pan Y X，Zhou C X，Zhang S L，et al. Constituents from *Ranunculus sieboldii* Miq [J]. Journal of Chinese Pharmaceutical Sciences，2004，13（2）：92-96.

[24] Hasan A，Ahmad I，Khan M A，et al. Two flavonol triglycosides from flowers of *Indigofera hebepetala* [J]. Phytochemistry，1996，43（5）：1115-1118.

[25] Mihci-Gaidi G，Pertuit D，Miyamoto T，et al. Triterpene saponins from *Cyclamen persicum* [J]. Natural Product Communications，2010，5（7）：1023-1025.

[26] 于德泉. 分析化学手册（第七分册）——核磁共振波谱分析 [M]. 2 版. 北京：化学工业出版社，1999：319-448.

[27] 吴立军. 天然药物化学[M]. 4 版. 北京：人民卫生出版社，2003：222-232.

[28] 吴立军. 实用有机化合物光谱解析[M]. 北京：人民卫生出版社，2009：434-435.

[29] Pérez-Bonilla M，Salido S，van Beek T A，et al. Radical-scavenging compounds from olive tree （*Olea europaea* L.）wood [J]. Journal of Agricultural and Food Chemistry，2013，62：144-151.

[30] Arnone A，Cardillo R，Nasini G，et al. Secondary mould metabolites. Part 19. Structure elucidation and absolute configuration of melledonals B and C，novel antibacterial sesquiterpenoids from *Armillaria mellea*. X-ray molecular structure of melledonal C [J]. Journal of the Chemical Society，Perkin Transactions I，1988，3：503-510.

[31] Acton N，Klayman D L. Artemisitene，a new sesquiterpene lactone endoperoxide from *Artemisia annua* [J]. Planta Medica，1985，51：441-442.

[32] He W J，Zhou X J，Qin X C，et al. Quinone/hydroquinone meroterpenoids with antitubercular and cytotoxic activities produced by the sponge-derived fungus *Gliomastix* sp. ZSDS1-F7[J]. Natural Product Research，2017，31：604-609.

[33] 吴立军. 实用有机化合物光谱解析[M]. 北京：人民卫生出版社，2009，541-550.

[34] Kurono M，Nakadaira Y，Onuma S，et al. Taxinine[J]. Tetrahedron Letters，1963，4：2153-2160.

[35] 张娜，路金才，王晶，等. 栽培曼地亚红豆杉针叶化学成分的分离与鉴定[J]. 沈阳药科大学学报，2009，26：789-791.

[36] Wang J P，Yu J，Shu Y，et al. Peniroquesines A–C：sesterterpenoids possessing a 5-6-5-6-5-fused pentacyclic ring system from *Penicillium roqueforti* YJ-14 [J]. Organic Letters，2018，20：5853-5856.

[37] 吴立军.实用有机化合物光谱解析 [M]. 北京：人民卫生出版社，2009：685-691.

[38] Wu X Q，Chen R，Fang D M，et al. Chemical study on *Rhaphidophora* hongkongensis[J]. Chinese Journal of Applied & Environmental Biology，2011，17：24-28.

[39] Patra A，Chaudhuri S K，Panda S K. Betulin-3-caffeate from *Quercus suber*. ^{13}C-NMR spectra of some lupenes [J]. Journal of Natural Products，1988，51（2）：217-220.

[40] 王锋鹏. 生物碱化学[M]. 北京：化学工业出版社，2008.

[41] Gomez-Calvario V，Rios M Y. ^{1}H and ^{13}C NMR data，occurrence，biosynthesis and biological activity of *Piper* amides [J]. Magnetic Resonance in Chemistry，2019，57（12）：994-1070.

[42] Araujo-Junior J X D，Da-Cunha E V L，Chaves M C D O，et al. Piperdardine，a piperidine alkaloid from *Piper tuberculatum* [J]. Cheminform，2010，28（5）：59-61.

[43] 洪阁，刘培勋. 槐属植物生物碱化学成分及药理作用研究进展 [J].中草药，2005，36（5）：783-788.

[44] Ding S，Jia L，Durandin A，et al. Absolute configurations of spiroiminodihydantoin and allantoin stereoisomers：comparison of computed and measured electronic circular dichroism spectra [J]. Chemical Research in Toxicology，2009，22：1189-1193.

[45] Liao Y，Liu X，Yang J，et al. Hypersubones A and B，new polycyclic acylphloroglucinols with intriguing adamantane type cores from *Hypericum subsessile* [J]. Organic Letters，2015，17：1172-1175.

[46] Ng T B，Liu J，Wong J H，et al. Review of research on *Dendrobium*，a prized folk medicine [J]. *Applied Microbiology and Biotechnology*，2012，93：1795-1803.

[47] Inubushi Y，Nakano J. Structure of dendrine[J]. Tetrahedron Letters，1965，6（31）：2723-2728.

[48] Yin T P，Cai L，Ding Z T. An overview of the che chemical constituents from the genu *Delphinium* reported in the last four

decades [J]. RSC Advances，2020，10：13669-13686.

[49]　Yin T P，Hu X F，Mei R F，et al. Four new diterpenoid alkaloids with anti-inflammatory activities from *Aconitum taronense* Fletcher et Lauener [J]. Phytochemistry Letters，2018，25：152-155.

[50]　Yu J，Yin T P，Wang J P，et al. A new C_{20}-diterpenoid alkaloid from the lateral roots of *Aconitum carmichaeli* [J]. Natural Product Research，2017，31：228-232.

[51]　Wang F P. ^{13}C Nuclear magnetic resonance of diterpenoid alkaloids [J]. Chinese Journal of Organic Chemistry，1982，3：161-169.

[52]　Ding L S，Chen W X. The natural C_{19}-diterpenoid alkaloids and their NMR（Ⅰ）[J]. Natural Product Research and Development，1989，1：6-32.

[53]　尹田鹏，罗智慧，蔡乐，等. 天然 C_{19}-二萜生物碱的研究进展及其核磁共振波谱特征 [J]. 波谱学杂志，2019，36（1）：121-134.

[54]　Wang F P，Chen Q H，Liu X Y. Diterpenoid alkaloids [J]. Natural Product Reports，2010，27：529-570.

[55]　肖培根，王锋鹏，高峰，等. 中国乌头属植物药用亲缘学研究 [J]. 植物分类学报，2006，44：1-46.

[56]　Liang H L，Chen S Y. Five new diterpenoids from *Aconitum dolichorhynchum* [J]. Heterocycles，1989，29：2317-2326.

[57]　Gao F，Li Y Y，Wang D，et al. Diterpenoid alkaloids from the Chinese traditional herbal "Fuzi" and their cytotoxic activity [J]. Molecules，2012，17：5187-5194.

[58]　Chen F Z，Chen Q H，Liu X Y，et al. Diterpenoid alkaloids from *Delphinium tatsienense* [J]. Helvetica Chimica Acta，2011，94：853-858.

[59]　Liu X Y，Chen Q H，Wang F P. New C_{20}-diterpenoid alkaloids from *Delphinium anthriscifolium* var. *savatieri* [J]. Helvetica Chimica Acta，2009，92：745-752.

[60]　Zhou X L，Chen D L，Chen Q H，et al. C_{20}-diterpenoid alkaloids from *Delphinium trifoliolatum* [J]. Journal of Natural Products，2005，68：1076-1079.

[61]　Aldridge D C，Armstrong J J，Speake R N，et al. The cytochalasins, a new class of biologically active mould metabolites[J]. Chemical Communications，1967，1：26-27.

[62]　Yan B C，Wang W G，Hu D B，et al. Phomopchalasins A and B，two cytochalasans with polycyclic-fused skeletons from the endophytic fungus *Phomopsis* sp. shj2[J]. Organic Letters，2016，18：1108-1111.

[63]　Scherlach K，Boettger D，Remme N，et al. The chemistry and biology of cytochalasans [J]. Natural Product Reports，2010，27：869-886.

[64]　Ishiuchi K，Nakazawa T，Yagishita F，et al. Combinatorial generation of complexity by redox enzymes in the chaetoglobosin A biosynthesis [J]. Journal of the American Chemical Society，2013，135：7371-7377.

[65]　Li W，Yang X Q，Yang Y B，et al. Anti-phytopathogen，multi-target acetylcholinesterase inhibitory and antioxidant activities of metabolites from endophytic *Chaetomium globosum* [J]. Natural Product Research，2016，30：2616-2619.

[66]　杨二冰，马利波，王金辉，等. 吲哚衍生物 NMR 数据归属及其溶剂效应研究 [J]. 波谱学杂志，2013，30（2）：256-263.

[67]　赵明，彭师奇. 合成吲哚生物碱的 ^1H NMR 及立体化学 [J]. 波谱学杂志，1995，12：71-78.

[68]　Chen C，Tong Q，Zhu H，et al. Nine new cytochalasan alkaloids from *Chaetomium globosum* TW1-1 （Ascomycota，Sordariales）[J]. Scientific Reports，2016，6：1-8.

[69]　Iwamoto C，Yamada T，Ito Y，et al. Cytotoxic cytochalasans from a *Penicillium* species separated from a marine alga [J]. Tetrahedron，2001，57：2997-3004.

[70]　Thohinung S，Kanokmedhakul S，Kanokmedhakul K，et al. Cytotoxic 10-(indol-3-yl)-[13] cytochalasans from the fungus *Chaetomium elatum* ChE01 [J]. Archives of Pharmacal Research，2010，33：1135-1141.

[71]　尹田鹏，陈阳，罗萍，等. 两个 C_{19}-二萜生物碱的结构鉴定和 NMR 信号归属 [J]. 波谱学杂志，2018，35：90-97.

[72]　Fang Y S，Yang M H，Cai L，et al. New phenylpropanoids from *Bulbophyllum retusiusculum* [J]. Archives of Pharmacal Research，2018，41（11）：1074-1081.

[73]　陈有根，张丽芳，刘育辰，等. 桃儿七化学成分和细胞毒性研究 [J]. 中草药，2010，41（10）：1619-1622.

[74]　An R B，Oh S H，Jeong G S，et al. Gomisin J with protective effect against t-BHP-induced oxidative damage in HT22 cells

from *Schizandra chinensis* [J]. Natural Product Sciences，2006，12（3）：134-137.

[75]　许文彦，赵思蒙，曾广智，等. 一些重要天然活性环肽化学和生物活性研究进展 [J]. 药学学报，2012，47（3）：271-279.

[76]　周俊，谭宁华. 植物环肽的薄层化学识别新方法及其在植物化学研究中的应用 [J]. 科学通报，2000，45（10）：1047-1051.

[77]　Pretsh E，Bühlmann P，Affolter C. 波谱数据表——有机化合物的结构解析 [M]. 荣国斌，译. 上海：华东理工大学出版社，2002：146-151.

[78]　Zhou H，Yang Y B，Duan R T，et al. Neopeapyran，an unusual furo[2,3b]pyran analogue and turnagainolide C from a soil *Streptomyces* sp. S2236 [J]. Chinese Chemical Letters，2016，27：1044-1047.

[79]　 Zhou H，Yang Y B，Yang X Q，et al. A new cyclic tetrapeptide from an endophytic *Streptomyces* sp. YIM67005 [J]. Natural Product Research，2014，28：318-323.

[80]　Miao S，Anstee M R，LaMarco K，et al. Inhibition of bacterial RNA polymerases. Peptide metabolites from the cultures of *Streptomyces* sp. [J]. Journal of Natural Products，1997，60：858-861.